U0306454

工厂化肉羊生产新工艺

◎ 罗康石 罗 俊 编著

中国农业科学技术出版社

图书在版编目(CIP)数据

工厂化肉羊生产新工艺 / 罗康石, 罗俊编著 . —北京 : 中国
农业科学技术出版社 , 2016.11
ISBN 978-7-5116-2742-1

Ⅰ . ①工… Ⅱ . ①罗… ②罗… Ⅲ . ①肉用羊—饲养
管理 Ⅳ . ① S826.9

中国版本图书馆 CIP 数据核字(2016)第 218341 号

责任编辑 张国锋
责任校对 杨丁庆

出 版 者 中国农业科学技术出版社
        北京市中关村南大街 12 号 邮编 : 100081
电 话 (010)82106636(编辑室)(010)82109702(发行部)
        (010)82109709(读者服务部)
传 真 (010)82106631
网 址 http://www.castp.cn
经 销 者 各地新华书店
印 刷 者 北京画中画印刷有限公司
开 本 710mm×1 000mm 1 /16
印 张 9.5
字 数 170 千字
版 次 2016 年 11 月第 1 版 2016 年 11 月第 1 次印刷
定 价 36.00 元

前 言

创新理念 引领肉羊生产新发展

2015 年中央颁发一号文件《关于加大改革创新力度加快农业现代化建设若干意见》，这是中央一号文件连续 12 年聚焦"三农"问题，连续四年明确提出推进"农业现代化建设"。推进的力度一年更比一年强，2016 年明确指出加大改革创新力度加快农业现代化建设。文中提到："加大对生猪、奶牛、肉牛、肉羊标准化规模养殖场（小区）建设支持力度，实施畜禽良种工程，加快推进规模化、集约化、标准化畜禽养殖，增强畜牧业竞争力。"

今年十八届五中全会确立的五大理念，为我们制定了新目标、谋划了新思路、推进新举措，为实现新发展提供了思想指导和行动指南。

在面对畜牧业新常态时，怎样才能提高肉羊综合生产能力，怎样加快传统养羊业向现代化肉羊生产转型升级，走出一条数量质量效益并重可持续发展之路，必须推进规模化、工厂化、标准化肉羊生产，增强肉羊生产竞争力，是保证肉羊生产健康发展的必然选择。

站在新常态下全面强化改革关键之年的起点，面对新常态，既要靠改革出动力，又要靠创新增活力，体现时代的要求才能保持肉羊生产的持续健康发展。

工厂化肉羊生产包括以下层面：一是实现养羊业由传统的零散养殖户（多为副业）向规模化养殖场（小区）转变，进而创新发展成为工厂化生产，从而更好地发挥规模效应；二是强化监测预警体系建设，通过监测预警体系实现价格预判，从而减少价格下跌所带来的冲击，并由此促进养羊业动态化管理；三是提升文化水平。

实施工厂化、标准化肉羊生产首要是理念的转变，理念是行动的先导。习总书记指出："发展理念是管全面、管根本、管方向、管长远的东西，发展理念搞对

1

了，目标任务就好定了，政策举措也就好定了"。

树立新理念离不开对现实问题的深沉忧思。

我国养羊历史悠久，但观念陈旧、技术落后。千百年来我国农村牧区基本上是千家万户分散饲养粗放管理模式。自然放牧虽然利用天然草场省工省事养殖成本低廉，但放牧羊群磨难多，常常表现出"夏壮、秋肥、冬瘦、春乏"的周期性变化。

天然草场营养成分随季节变动，而放牧羊群的营养需要也随年龄及生理状况而发生变化，这两种变化从来就不一致，特别是冬春季节，草地牧草营养供给量下降到最低谷；而此时又恰恰是我区生产中最关键的时期，牧羊处于怀孕后期或泌乳期，其营养需要达到最高峰。可见，这一供需矛盾是造成牧羊生产力低下的主要原因。

近年加强草原生态建设，放牧羊群已转变为舍饲。但应看到目前舍饲只是村庄群牧转向以户圈养。如何面向市场，依靠科技，不断向生产的广度深度进军，还有些力不从心。只有加大改革创新力度，加快现代化规模养殖，才能迸发出"科技是第一生产力"的巨大能量。

传统粗放的放牧养羊向现代化规模养羊转型，首要是经营管理者理念的转变，理念领先才能带动发展争先。当今时代科技进步日新月异，发展方式深刻变革，新技术、新业态、新模式不断涌现，提高发展质量和效益成为中心任务。传统的发展理念、原有的工作方法已行不通，必须主动作出调整。

工厂化肉羊生产就是改革创新，就是对传统养羊的一次革命。它不仅是饲养方式的创新，而首要的是经营管理者理念的创新。一是由分散放牧饲养，转变为现代化规模饲养、精细化科学管理、工厂化生产；二是由季节性繁殖，转变为可调控的一年四季发情、配种、产羔、育肥出栏上市，全年连续不断地均衡生产。

理念是行动的先导，理念的创新引导一系列生产方式方法的创新。工厂化肉羊生产工艺流程必须建立在一个严格的时间概念——"生产周期"的确立，整个生产运作就要按"周期"为单位进行安排，才能有条不紊连续生产并取得高效益。

我们必须把握创新，作为增强发展的动力首要是理念的根本转变。增强理念创新、方法创新、路径创新，进一步完善工厂化肉羊生产创新体系，奋力建成内蒙古区创新型羊厂。做出个样子，为更多养羊者共享改革创新之乐！

鉴于此，编者在借鉴有关文献资料的基础上，结合多年的实践和体会，编撰了这本《工厂化肉羊生产新工艺》。编写内容注意实用，采用了切合实际的操作规程写作，尽量不对知识性内容展开讨论。"操作规程"也以图表形式方便查阅，同时也充分利用了表格简洁明了，一目了然的特点，方便读者使用。编者希望通过此"操作规程"能让从事工厂化肉羊生产者轻松掌握，便于操作。对职业技能操手有所帮助。

借羊年之吉，谈养羊之事，急于完成，时间紧迫。该《生产新工艺》有疏漏甚至不科学之处，恳请同行不吝赐教，以便以后不断改进。

本书在编写过程中参阅和利用了国内外众多学者的著作及文献，本书也未能一一列出，在此一并向相关学者表示诚挚的谢意。

编者于羊年之雪

2015 年 11 月

目　录

一、工厂化肉羊生产新概念

工厂化肉羊生产的含义	养羊业受到根深蒂固的传统放牧思想的限制，标准化程度还处在很落后的状态，相比较猪、鸡等的养殖现状，至少落后 20 年。另外也存在着对养羊相关知识技术了解掌握不足，基础环节薄弱等问题。要发展工厂化肉羊生产必须要对传统养羊业的认识和技术方面进行全方位调整。 　　工厂化肉羊生产是现代养羊业的重要组成部分，它以工业生产的方式，采用现代化的技术和设备，进行高效率的肉羊生产，使肉羊的生长速度、饲料利用率以及羊场的劳动生产率都达到高效益。实现工厂化肉羊生产，首要的是生产者观念的转变，必须以现代企业的经营理念去经营工厂化肉羊生产。"解放思想，创新观念。"
工厂化肉羊生产工艺	羊场的科学设计是生产优质肉羊的保证。羊场的基础设施的建设必须能够适应集约化、程序化肉羊生产工艺流程的需要和要求，保证生产流程通畅。充分利用现代化器械设备，实现工厂化生产。 　　工厂化肉羊生产工艺包括以下几个方面。 　　（1）建立肉羊的良种繁育体系，选育优良品种，筛选最佳杂交组合。 　　（2）采用先进的繁殖技术，提供优秀的、规格一致的商品肉羊。 　　（3）根据羊的不同生理阶段对营养的需求，应用全混合日粮（TMR）技术，实行标准化饲养。 　　（4）根据不同季节气候变化，给肉羊提供适宜于肉羊快速繁殖和生长的环境，包括温度、湿度和新鲜空气。 　　（5）在隔栏、漏粪地板、供水、供料、供暖保温、通风降温和排污等各个环节上配套机电设备。 　　（6）严格严密的兽医卫生防疫制度。 　　（7）在工厂化肉羊生产场中实行现代化企业管理，工厂化肉羊生产的先进科学技术，也只有通过先进的管理才能发挥其水平，取得高效益，因此，企业管理占有重要地位。 　　工厂化肉羊生产工艺的实施，要求羊场有一定生产规模。只有有了相当规模，才能发挥其科技优势。

	工厂化肉羊生产成本的投入要比粗放舍饲养羊要高，既要强调投入高的一面，又要认识到高回报的另一面，那就是可以取得比传统养羊高得多的经济效益，要取得高效益是要有一定的科技及其设施为基础的。
工厂化肉羊生产特点	工厂化肉羊生产包括配种、妊娠、分娩、哺乳、保育和育肥等环节。工厂化肉羊生产是它按照肉羊生产的6个环节组成一条生产线来进行运转，进行生产。正如工厂生产工业品一样，羊场的一栋羊舍相当于工厂一个生产车间，在一个车间内完成1~2个环节。产品从一个车间转到另一个车间，从一道工序转移到下一道工序。依据生产流程羊舍分为：种公羊舍（包括试情公羊）、繁殖母羊舍、产房、保育舍和育肥舍。工厂化肉羊生产繁殖母羊和羔羊同样是从一个羊舍（车间）完成一道生产任务后转到另一个羊舍，完成规定的生产任务，并达到要求标准。这样生产分工明细，采用的科学技术和设施利用比较熟悉，任务指标要求明确，层层把关，确保肉羊产品规格化。 工厂化肉羊生产就是养羊业的科技创新，是对传统养羊的一场革命，这不仅是饲养方式的转变，而首要是生产者观念的转变。一是由千百年来的放牧转变为舍饲——舍饲养羊的内涵并非简单地由合群放牧转变为单个入户圈养。而是将品种、工艺、技术、方法等多项内容科学地整合，能体现高效率、高效益的集约型生产方式。二是季节性繁殖转变为一年四季发情、配种、全年均衡产羔。 其特点：（1）分阶段连续流水式生产。 （2）母羊一年四季均衡产羔。 （3）全进全出的生产方式。
工厂化肉羊流水式生产方式	生产工艺流程，必须建立起一个严格的时间概念——"生产周期"。整个生产程序就要按"周期"为单位进行安排、运转才能有条不紊，连续生产，并取得高效益。 工厂化肉羊生产，必须实行分段连续流水式作业。肉羊生产全过程可划分为配种——→妊娠——→分娩——→哺乳——→保育——→育肥出栏上市（销售），形成一条连续流水式的生产线。各个生产阶段有计划、有节奏地进行，按"周期"都有一群母羊连续不断地配种、妊娠、分娩、断奶……连续不断地生产。每个饲养员在固定的羊舍负责其中的一个生产环节，由于羊舍按阶段划分明确，因此管理细致，责任分明，也便于根据饲养员的生产实绩计酬。

二、工厂化肉羊生产高效高频繁殖技术

内涵	工厂化肉羊生产的核心是母羊高效率繁殖。母羊的繁殖直接影响到肉羊生产的经济效益。因此在工厂化生产体系中不仅要对母羊实行高效繁殖，同时还要实行高频繁殖，二者紧密结合，互为补充。 　　高效繁殖——是指每次每只母羊繁殖的羔羊数量质量和生产性能的高效。 　　高频繁殖——是指在每年内母羊的繁殖效率的高频。 　　要达到这两种高效，不从根本上改变现有的养羊模式，不采用高效繁殖的生物工程配套技术是不可能实现的。
高效繁殖技术	（1）当年母羊诱导发情，当年母羊7月龄以上，体重达到成年母羊体重60%~65%，采用生殖激素处理，可以使当年母羊成功繁殖。 　　（2）优选发情调控方案及配套技术 　　目前，国内关于母羊发情调控的研究报告较多，在小规模的实验研究中结果尚可，但大规模生产中尤其是工厂化高效养羊体系中应用，却表现出许多弊端。因此要慎重筛选使用安全可靠，重复性高的成熟技术。实施母羊诱导发情时，必须坚持三个情期的正常配种。 　　在进行发情调控时，还应特别选用配套技术。 　　配套技术包括：配套的药物、统一的程序、优化人工授精技术、首次输精时间、母羊发情状况的确定、早期妊娠诊断及复配管理等。只有采用配套技术，才能保证处理效果，使发情调控技术发挥最佳效果，为高效生产奠定基础。
	高频繁殖是随着工厂化高效养羊迅速发展的高效生产体系。其指导思想是：采用繁殖生物工程技术，打破母羊的季节性繁殖的限制，一年四季发情配种，全年均衡生产羔羊，提高母羊每年的生产效益。 　　特点：最大限度地发挥母羊的繁殖生产潜力，依市场需求全年均衡供应肥羊上市，缩短资金周转期，最大限度提高养羊设施的利用率，提高劳动生产率，降低生产成本，便于工厂化管理。

高频繁殖技术

1. 一年两产体系

一年两产体系可使母羊的繁殖率提高 90%~100%，母羊的生产力提高一倍，生产效益提高 40%~50% 以上。

一年两产的核心技术是母羊发情调控，羔羊超短期断奶，早期妊娠检查。

由于多数母羊产后的生理时间都在 1 个月以上，故目前运转尚需进一步探讨。从已有的经验分析，该生产体系技术密集，难度大。

2. 二年三产体系

二年三产是国外 20 世纪 50 年代后期提出的一种生产体系，沿用至今。该生产体系的生产周定为 8 个月，即 8 个月产羔一次。8 个月 × 3 年正好是 24 个月——两年三产。

羔羊一般 2 个月断奶，母羊断奶后 1 个月配种，母羊怀孕 5 个月又正好是间隔 8（个月）× 3（年）产羔一次，母羊三产需 24 个月完成。即母羊二年完成三产。

为了达到全年均衡产羔，便于工厂化流水式作业，将繁殖母羊群分为 4 个组群。每 2 个月安排一个组群配种。这个组群就进入了流水线周而复始的运转、生产，整个生产线将间隔 2 个月就有一批合格的羔羊出栏上市。

该体系的核心技术是母羊的多胎处理，发情调控和羔羊早期断奶，强化育肥。

3. 三年四产体系

三年四产体系是按产羔间隔 9 个月设计的。该体系适宜多胎品种母羊。

4. 三年五产体系

三年五产体系又称是星式产羔体系，是由美国康乃尔大学的伯拉·玛吉设计提出的一种全年产羔方案。其原理是母羊妊娠的一半是 73 天，正好是一年的 1/5，生产周期定为 73 天。把羊群分为 3 个组群，严格按"生产周期"配种，每组群间隔 7.2 个月产羔一次。此体系中为母羊每胎 1 羔则每年可获 1.67 只羔羊，如为每胎双羔，母羊每年可获 3.34 只羔羊（表 1）。

高 频 繁 殖 技 术	表1　三年五产体系配种产羔计划表

表1　三年五产体系配种产羔计划表

组群＼周期＼年份	第一年					第二年					第三年				
	1	2	3	4	5	6	7	8	9	10	11	12	13	14	15
A	√	○	□	√	○	□	√	○	□	√	○	□	√	○	□
B	□	√	○	□	√	○	□	√	○	□	√	○	□	√	○
C	○	□	√	○	□	√	○	□	√	○	□	√	○	□	√

符号：配种○　产羔√　妊娠□

母羊多胎技术

　　母羊的多产性是具有明显的遗传特征的性状。从生理解剖上分析母羊是双角子宫，适合怀双胎。生产实践中，不少母羊不仅可以产双羔，甚至可以产3羔4羔，提高母羊的产羔率，可以大幅度提高生产经济效益。因此在养羊发达的国家，如澳大利亚、新西兰等一直非常重视母羊产双羔的研究。

　　目前用于产双羔的方法主要有4种：①采用促性腺激素；②采用生殖免疫技术；③应用胚胎移植技术；④采用营养调控技术。

　　此外随着科学技术的不断发展进步，利用羊的生殖生理，在羊的繁殖过程中采用了同期发情、超数排卵，人工授精、早期妊娠诊断及胚胎移植等先进技术，可以加快羊的繁殖和育种工作，实现工厂化程序管理生产，大大提高肉羊生产水平和生产能力。

　　同期发情是工厂化肉羊生产首要必须实施的技术手段，又是开展胚胎移植必不可少的手段；超数排卵是开展胚胎移植的主要环节之一。

三、工厂化肉羊生产工艺流程图解（三年五产体系）

生产工艺：正个生产工艺可概括为五阶段，三自由，两计划。即按羊群不同生产阶段计划，针对性进行饲养管理划分为：待配、妊娠、哺乳、保育和育肥五个阶段；实现自由采食、自由运动和羔羊自由饮水；实行计划配种、计划免疫。

母羊孕期 146 天（21 周）5 个月
繁殖周期确定为 73 天
发情周期 14~30 天（平均 30 天）
羔羊出生 7 周断奶

羊舍类型	羊群流程	饲养阶段	时间	主要措施	说明
公羊舍	种公羊、试情公羊			配种年龄 1.5~2.5 岁	试情公羊检出发情母羊种公羊采精配种
繁殖母羊舍	待配母羊、后备母羊、妊娠母羊、流产	待配	6 周	约 6 周（2 个情期）母羊由保育舍转入待配栏及配种，3 周内完成诱导同期发情，然后转入观察栏，观察 3 周确认妊娠后转入妊娠围栏	约 6 周（2 个情期）母羊出保育舍转入待配栏，3 周内完成诱导同期发情同周，观察 3 周确认妊娠后转入妊娠栏舍
		妊娠	21 周	孕期 21 周，分前期 12 周，后期 8 周，第 21 周（临产前一周）转入产房产	妊娠期 21 周，分前期 12 周，后期 8 周（妊娠 5 个月，分前期 3 个月后期 2 个月）临产前 1 周转入产房
产房	待产母羊、断奶母羊、哺乳母羊、哺乳羔羊、分娩	产羔哺乳	6 周	母羊临产前一周进入产房，完成分娩产羔，哺乳新生羔羊在产房任产房哺乳 6 周，此后，母子全部进入保育舍	母羊临产前一周进入产房，完成分娩产，至羔，哺乳 新生羔羊同保育 6 周后随全部转入保育舍
保育舍	哺乳母羊、哺乳羔羊、选优进入后备羊	保育	7 周	哺乳 1 周后断奶，此母羊返回繁殖羊舍，进入下一繁殖周期，母羔羊断奶为了尽减轻母子分离断奶的应激反应，注意观察轻母羊将来有两种去向：一是向从中选入优良后备羊，另一去向进备母羊，做占元杂交	母羊临产保育舍同居 1 周后，母羊返回繁殖，进入一繁殖周期，羔羊仍在处一同为的是减吃的应反应，保育羊分离断奶把轻母羊分离断奶两种去向：一是进入育肥舍育肥，另一去向从中选出优良后备，母羊
保育舍	育肥羔羊、出栏上市	育肥	13 周	转入的羔羊头 2 周内，继续供给断奶料，此后逐步换成精料型育肥料，期末体重达 40~45 千克，羔羊出生 181 天（6 个月）	转入的羔羊头 2 周内，继续供给断奶料，此后逐步换成精料型育肥料，期末出栏，羔羊出生 181 天（6 个月）

断奶后备母羊返回母羊舍

四、工厂化肉羊生产三年五产体系生产流程实例图

①生产周期为 73 天；②母羊妊娠期 146~150 天；③预产期 1 周进入产房；④母子共在产房 6 周（42 天）后，母子全出产房，全进保育舍；⑤母羊在保育舍 1 周后返回待配母羊舍，羔羊单独再驻 7 周出保育舍转育肥舍；⑥羔羊在育肥舍育肥 2 个月出栏上市。

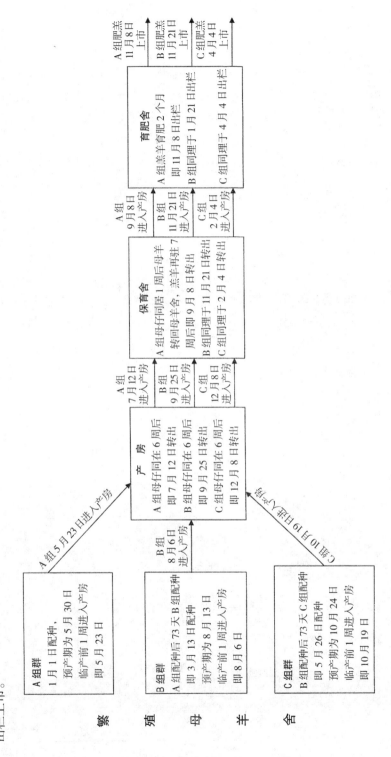

繁殖母羊舍

A 组群
1 月 1 日配种，
预产期为 5 月 30 日
临产前 1 周进入产房
即 5 月 23 日

B 组群
A 组配种后 73 天 B 组配种
即 3 月 13 日配种
预产期为 8 月 13 日
临产前 1 周进入产房
即 8 月 6 日

C 组群
B 组配种后 73 天 C 组配种
即 5 月 26 日配种
预产期为 10 月 24 日
临产前 1 周进入产房
即 10 月 19 日

A 组 5 月 23 日进入产房

B 组 8 月 6 日进入产房

C 组 10 月 19 日进入产房

产 房

A 组母仔同在 6 周后转出
即 7 月 12 日转出
B 组母仔同在 6 周后转出
即 9 月 25 日转出
C 组母仔同在 6 周后转出
即 12 月 8 日转出

A 组 7 月 12 日进入产房

B 组 9 月 25 日进入产房

C 组 12 月 8 日进入产房

保育舍

A 组母仔同居 1 周后母羊
转回母羊舍，羔羊再驻 7
周后即 9 月 8 日转出
B 组同理于 11 月 21 日转出
C 组同理于 2 月 4 日转出

A 组 9 月 8 日进入产房

B 组 11 月 21 日进入产房

C 组 2 月 4 日进入产房

育肥舍

A 组羔羊育肥 2 个月
即 11 月 8 日出栏
B 组同理于 1 月 21 日出栏
C 组同理于 4 月 4 日出栏

A 组肥羔 11 月 8 日上市

B 组肥羔 11 月 21 日上市

C 组肥羔 4 月 4 日上市

五、肉羊生产工艺流程（两年三产体系）

```
                                            出栏上市
                                              ↑
                                          ┌────────┐
                                          │  育肥   │
                                          │ 2 个月  │
                                          └────────┘
                                              ↑
                                          ┌────────┐
                                          │  保育   │
                                          │ 2 个月  │
                                          └────────┘
                                              ↑
  ┌────────┐      ┌────────┐      ┌────────┐      ┌──────────────┐
  │断奶母羊 │ ←→  │  哺乳   │ →   │ 断奶羔羊 │ →   │    后备羊     │
  └────────┘      │（2 个月）│      └────────┘      │（10~12 月龄）│
                  └────────┘                        └──────────────┘
                      ↑
                  ┌────────┐
                  │  妊娠   │
                  │（5 个月）│
                  └────────┘
                      ↑
  ┌──────────────┐   ┌────┐
  │   种母羊      │ → │ 配 │
  │（1.5 岁至淘汰）│   │ 种 │
  └──────────────┘   └────┘
                        ↑
  ┌──────────────┐   ┌────────┐
  │   种公羊      │ → │ 精液生产 │
  │（2.5 岁至淘汰）│   └────────┘
  └──────────────┘

  ┌────────────────────────────┐
  │          种      羊          │
  └────────────────────────────┘
```

六、整顿羊群组建基础母羊群

重要提示		由于我国专门化肉羊生产起步较晚，到目前为止，尚没有形成专门化肉羊品种。除极少部分地方品种繁殖性能突出外，绝大部分地方品种不符合工厂化肉羊生产的基本要素。因此，必须走杂交改良之路，即利用引进的优良肉用品种提高地方种的肉用性能，在此基础上逐步杂交育成我国自己的肉羊品系或品种。 在杂交利用过程中，引进的几只良种肉用种公羊和一群现有的地方种母羊进行杂交，父母羊个体好坏对肉羊生产发展影响极大。因此，在杂交父母本选择将必须坚持科学严谨原则，以免造成选配失误。 选择就养羊业而言，是指在育种和品种改良过程中，为获得具有更好的生产性能及更高的种用价值的个体，而进行的种羊选优去劣工作。 现有母羊羊群多来自个体养羊，多年无目的杂交血缘杂乱，个体外貌和生产性能差异很大。要取得良好杂交改良效果，对现有母羊羊群必须进行整顿。组建基础母羊群。 基础母羊尽量选择含有本地羊血脉的多胎羊种，适应性强，繁殖率高。选留的母羊要求体大结实、善于行走、嘴宽、采食性好；腰长后躯大、后裆宽、乳房发育好、产仔多母性强；头大而适中、眼睛有神、耳朵灵敏、精神旺盛；毛色一致、皮肤有弹性、没有疾病。
整顿母羊群	年龄鉴别	年龄鉴别　在进行其他项目之前（也可与体尺测定同时进行）首先要进行年龄鉴定。年龄对于公母羊的繁殖性能影响很大。研究表明，母羊的最佳繁殖年龄在3~4岁。初产母羊产羔数低，母性差；高龄母羊虽然产仔数有所提高，但泌乳力降低，产羔能力减弱。因此要组建高产并容易管理的基础母羊群，必须考虑年龄结构。 年龄鉴定首要依靠羊场的个体出生记录。但在母羊群整顿之前没有记载时，年龄鉴定方法还是牙齿鉴别法较为可靠。主要依据下颌门齿的发生、交换、磨损、脱落情况来判定。判断误差程度因品质、地区和鉴别者的经验而异，误差一般不超过半岁。 鉴定法三字顺口溜：一岁半、中齿换；到两岁、换两对；两岁半，三对换；刚三岁，牙换齐；四磨平，五齿星；六现缝，七露孔；八松动，九掉牙，十磨净。

整顿母羊群	体型外貌鉴定	体型外貌鉴定的目的是确定羊的品种特征，种用价值以及生产水平。外貌评定具有很大的主观性，要求鉴定人员要有一定经验。为了提高鉴定的客观性，可将外貌评定与体尺测量结合起来进行。 （1）外貌评分。通过对各部位打分，最后求出总评分表示评定结果。母羊外貌划成四大部分：整体结构、体躯、母性特征和四肢，各部分标准分别为25、25、30、20分，合计100分。为便于掌握打分"肉用羊外貌评分标准"表附后（表2）。 以品种特征和肉用类型特征为主要依据行进评定。评分达50分为及格；60分者为良好；80分以上者为优秀。 （2）体型评定。体型评定往往要通过其体尺测量（体高、体长、胸围、腰围、臀围、十字部高、腰角宽及腿臀围等）并计算体尺指数加评定。 体长指数 = 体长 / 体高　　骨指数 = 管围 / 体高 体躯指数 = 胸围 / 体长　　产肉指数 = 腿臀围 / 体高 胸围指数 = 胸围 / 体高　　肥度指数 = 体重 / 体高 （3）体况评定。工厂化采用高密度产羔体系，使得母羊常年处于怀孕——泌乳带羔——再怀孕的高度利用状态。因此在生产中随时评定繁殖母羊体况是保证母羊发挥正常生产能力的重要措施。 体况评定采用4分制，详细评分标准附后见表（表3）。体况以3分最为适宜，最好每月对基础母羊进行一次体况评定，根据评定结果及时调整饲养方案。
	做耳标建档案	上述所有评定以及后续生产举措，必须要认真做好个体登记记录，建立基础母羊档案，只有对个体进行编号做耳标才能实现区分个体记录。耳标含有不少信息，这就为选种选配和日常管理提供了更多便利，是一项不可缺少的基础工作。 生产过程中各种记录资料是羊群的重要档案，及时全面掌握和认识了解羊群存在的缺欠的主要问题，合理安排各阶段生产羊群的淘汰更新，补饲等日常管理，都要依据生产和繁殖记录作出调整，可见作好生产育种资料记载建立档案有多重要（表4）。

组建基础母羊群		为适应肉羊工厂化生产和程序化管理要求，全场基础母羊按照高频繁殖体系分成若干组群，每个组群以 200~300 只为宜，每个组群力求个体一致。对基础母羊饲养管理的精细严格性，要本着既符合程序化生产经营要求，又比较简单易行的原则，按照既定"周期"方案推进生产，采用"全进全出"周转，较为便于操作管理。
	年龄比例	为提高经济效益和加快羊群周转，要不断降低羊群的平均年龄，加大青年羊的比例。繁殖母羊的年更新率应控在 25%~30% 为宜。要采取先进的综合措施，提高羔羊的成活率，这是保持羊群合理结构和羊群正常周转的前提。 2~5 岁的壮年母羊为主，占 75% 左右；6 岁羊占 5%~10%；7 岁母羊应淘汰；每年补充 1 岁后备母羊 15%~20%；公羊 5~6 岁应淘汰。
	胎次比例	一胎和二胎母羊应占 30%~40%； 三胎和四胎母羊应占 50%~60%； 五六胎次以上母羊仅占 10% 以下。
后话		为加快育种进程，应尽量增大青年羊的比例。青年羊越多，世代间隔越短，育种进程越快。在以生产为目的的羊群，为了提高经济效益和加快羊群周转，要不断降低羊群平均年龄，加大青年羊的比例。 不管是纯繁群，还是生产群，都应尽量减少种公羊的饲养比例。在自然交配情况下，需 3%~4% 种公羊，1%~2% 育成公羊，人工授精时，种公羊占 0.3%~0.5%，育成公羊及试情公羊占 2%~3%。公羊在 5~6 岁淘汰。非留种用的公羔及母羔全部进行育肥、出栏上市。

表2 肉用种羊外貌评分记录

品种_____ 个体号_____ 性别_____ 登记号_____

评定日期_____ 评定人_____

项 目	满 分 标 准	给分		实评分	
		公	母	公	母
整体结构	整体结构匀称，外形浑圆，侧视呈长方形，后视呈圆筒形，体躯宽深，胸围大，腹围适中，背腰平直，后躯宽广丰满，头小而短，四肢相对较矮	25	25		
肥育结构	体型呈圆筒状，无明显的棱角，颈、肩、背、尻部肌肉丰满，肥度指数在150~200之间	25	0		
体躯	前躯：头小颈短，肩部宽平，胸宽深；中躯：背腰平直，宽阔，肋骨开张不外露，膁部不下凹，腹围大小适中，不下垂，呈圆筒状；后躯：荐部平宽，腰角不外突，尻长且平宽，后膝突出，胫部肌肉丰满，腿臀围大	30	25		
母性特征	头颈清秀，眼大鼻直，肋骨开张，后躯较前躯发达，中躯较长，乳房发育良好	0	20		
四肢	健壮结实，肢势良好，肢蹄质地坚实	20	20		
总计		100	100		

体型评定：

体长指数 = 体长 / 体高

体躯指数 = 胸围 / 体长

胸围指数 = 胸围 / 体高

骨指数 = 管围 / 体高

产肉指数 = 腿臀围 / 体高

肥度指数 = 体重 / 体高

表3 繁殖母羊体况评定记录

品种_____个体号_____舍别_____

部分	给	分			实	评	分					
	1分（过瘦）	2分（瘦）	3分（适中）	4分（肥）	日期	日期	日期	日期	日期	日期	日期	日期
脊突	明显突出，呈尖峰状	突起分明，每个脊椎区分明显	突起不明显，呈圆形峰状	呈圆形，双脊背								
尻部	狭窄，凹陷，骨骼外露	棱角分明，肉很少	稍圆，棱角不分明	丰满								
尾部	瘦小，呈楔形	较小，不圆满	圆形，大小适中	大而丰满								

备注：

表4 羊群变动统计表

舍别_____   牧工_____

日期	羊别	年龄	性别	上月底结存数	本月内增加				本月内减少					本月底结存数	备注
					调入	购入	繁殖	合计	死亡	调出	出售	宰杀	合计		

七、存栏羊群的分组

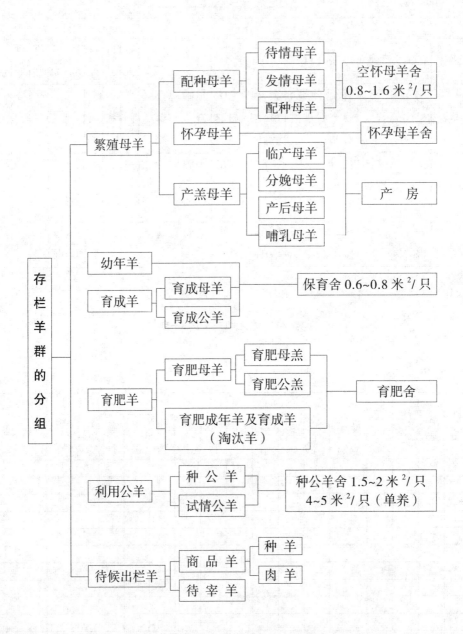

八、工厂化肉羊生产羊群的周转

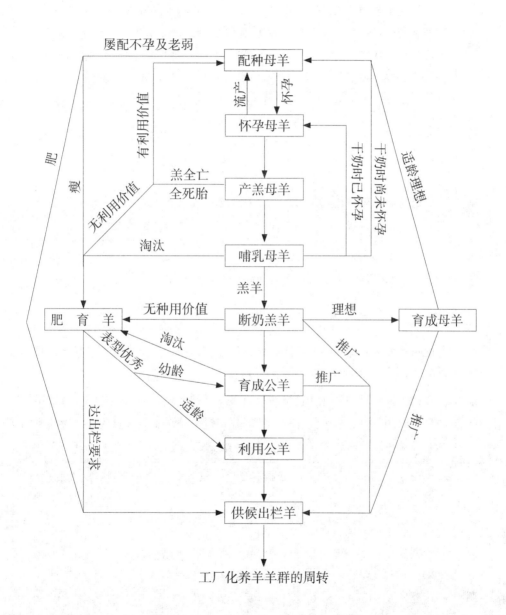

工厂化养羊羊群的周转

九、母羊的生殖生理

初情期	幼龄母羊的卵巢及性器官处于未完全发育状态。随着幼龄羊的发育，促卵激素的分泌增多，出现第一次发情和排卵。此次发情通常被称为初情期，是母羊性成熟初级阶段，此时母羊虽有发情表现，但不明显，发情周期变化较大。受气候和营养条件而有所变化。一般初情期在4~6月龄。
性成熟期	母羊性成熟期受品种、气候、个体、饲养管理等因素影响。饲养管理条件好，发育良好的个体性成熟也早。一般绵羊、山羊在6~10月龄性成熟，此时体重为成年羊体重的40%~60%。我国绵羊性成熟较早，蒙古羊5~6月龄，小尾寒羊4~5月龄就能配种受胎。 母羊刚达到性成熟年龄时，其身体生长发育尚未完成，过早怀孕就会妨碍自身的生长发育，生产的后代体质较弱，泌乳性能也较差。
适配年龄	母羊的适配年龄也应以体重为依据，即体重达到正常成年体重的70%以上时开始配种，母羊适宜配种年龄为1.0~1.5岁。
发情季节	绵羊和山羊均为短日照季节性多次发情的动物，即为夏末和秋季发情，且以秋季发情旺盛。除光照因素外，纬度、海拔、气温、营养状况等因素也影响发情。小尾寒羊一年四季均能发情，不受季节限制。 公羊繁殖的季节性变化虽然没有母羊那样明显，但在不同季节其繁殖机能是不同的。日照长度的变化，能明显控制公羊精子生成过程，精液品质的季节性变化明显。精子总数和精子活力以秋季最高，冬季次之，夏季最低。
发情周期	母羊到了初情期后，生殖器官及整个机体便发生一系列周期性的变化，这种变化周而复始（非发情季节及怀孕母羊除外），一直到性功能停止活动的年龄为止。这种周期性的活动，称为"发情周期"。 通常以一次发情开始到下次发情的开始间隔的天数为一个发情周期。绵羊的发情周期为15~18天，平均17天，山羊一般为21天，不同品种存在一定差异。 依据母羊生理器官的变化，精神状态和对公羊的性反应，可将发情周期划分为4个阶段。

发情周期	（1）发情初期。为发情的准备阶段，卵巢上前次排卵形成的黄体逐渐退化，体积变小，新的卵泡开始发育。 （2）发情中期。卵泡迅速发育，成熟后排卵。母羊表现出性兴奋、有性欲、喜欢接近公羊、食欲下降、生殖道黏膜充血，子宫颈松弛张开，外阴部有分泌物流出。 （3）发情后期。性兴奋逐渐消失，外生殖器官逐渐恢复正常，排卵处开始形成黄体。 （4）休情期（间情期）。由于孕酮的作用，卵巢无卵泡发育，母羊无发情表现，精神状态恢复正常。母羊在发情中期配种，如未受胎，则间情期持续一定时期，又进入发情前期。
发情	**发情持续时间** 　发情持续时间平均24~28小时。发情持续时间的长短，受品种、年龄、繁殖季节的影响，肉用品种较短。
排卵	母羊一般在发情结束前12~24小时内排卵。绵羊在一个发情周期内可排1~4个卵，有的品种排卵数目较多，如罗曼诺夫、小尾寒羊、芬兰羊。排卵的时间较长，两卵相隔时间平均为2小时。
产后发情	绵羊在分娩后若在繁殖季节内仍可发情成为"产后发情"，其时间多在产后30~59天，平均45天。
繁殖能力停止	母羊的繁殖能力有一定年限，年限长短因品质、饲养管理以及健康状况不同而异。一般母羊的繁殖能力期，绵羊8~10岁，山羊11~13岁。母羊丧失繁殖能力，便无饲养价值，应该淘汰。

十、公羊的生殖生理

性行为表现	公羊的性行为主要表现为性兴奋、求偶、交配。公羊表现性行为常有举头、口唇上翘、发出一连串鸣叫声，爬跨其他羊只等。性兴奋发展到高潮时进行交配，公羊的交配时间很短，数十秒钟完成。
初情期	公羊到了一定年龄时开始出现性行为，如爬跨，能排出成熟的精子，这一时期称为羊的初情期，是性成熟的初级阶段。开始具有生殖能力，但繁殖力较低。公羊要持续几周才能达到正常的繁殖水平，称为"青春不育"阶段。根据公羊初情期以上特点，在生产实践中应在此前进行公母分群饲养。 在正常饲管条件下公羊初情期为 7 月龄。
性成熟期	继初情期之后，青年公羊的身体和生殖器官进一步发育，生殖器官的大小和重量迅速增长，性机能也随之发育，此时已出现第二特征。能产生正常受胎的精子，具备正常配种能力的时期。 通常公羊的性成熟比母羊晚些。性成熟是生产能力达到成熟的标志。对多数羊来说就身体的发育尚未达到成熟，必须再经过一段时间才能达到体成熟。达到性成熟时，公羊身体仍在继续生长发育。 配种过早，会影响身体正常发育，降低繁殖能力。肉羊一般在 8~10 月龄时性成熟。
适配年龄	在生产实践中，考虑到公羊的自身发育和提高繁殖率的要求，一般把公羊的适配年龄在性成熟年龄的基础上推迟数月，体重接近成年羊体重的 70% 时才开始配种。一般以 12~18 月龄开始配种为宜。

十一、肉羊的选种

选种的目的	把那些符合育种要求的个体，按不同的标准从羊群中挑选出来，组成新的群体，再繁殖下一代，或者从别的羊群中选择那些符合要求的个体，选入现有的繁殖群中再繁殖下一代的过程。 　　经过世代选择，不断地选优去劣，使羊群整体生产水平逐步提高。经过多个世代的选择，把羊群培育成一个新的类群或品种。
选种的依据	（1）体型外貌。体型外貌在纯种繁殖中非常重要；就是在杂交改良中也是如此。凡是不符合本品种特征的羊不能作为选种对象。 　　羊体是一个有机的整体，所以体型外貌除反映外部形态外，还反映了其生产类型、生产性能、健康状况、年龄、性别等，体型外貌通常是生产性能高低的标志。由此看来体型外貌与生产性能有直接关系，不可忽视。 　　另外，全靠实际的生产性能来测定，势必造成时间浪费，如产肉性能、繁殖性能的某些方面，可以通过体型来选择。 　　（2）生产性能。肉羊的生产性能是指体重、繁殖力、泌乳力、产羔率、产肉性能（包括屠宰率、净肉率、胴体重、胴体状态、胴体品质等）。羊的生产性能可遗传给后代，因此，选择生产性能好的种羊是改良、育种的关键环节。但要各方面都优于其他品种是不可能的，俗话说"人不得全"，羊也如此，应选突出主要重点。 　　（3）看后裔。种羊本身是否具备优良性能这是选种的前提条件。但这仅仅是一方面，更重要的是它的优良性能是否能遗传给后代。如果优良性能不能传给后代，就不能作为种用。同时在选种过程中，要不断地选留那些性能优良的后代作为后备种羊。 　　（4）查血缘。即查系谱，是选择种羊的重要依据，它不仅提供了种羊亲代的有关生产性能的资料，而且记载着种羊的血统来源，对正确选择种羊很有帮助。
选种要求	（1）按照本品种鉴定标准对种羊场基础种羊群逐只进行鉴定，并进行种羊登记。 　　（2）原种场选留的母羊不应低于二级，公羊不应低于一级；扩繁场选留的羊不应低于二级。 　　（3）体型外貌不符合品种标准要求，有遗传疾患或有其他损征者不应留作种用。

选种时间	（1）种公羊选种。在初生、2月龄、6月龄、12月龄、18月龄时进行。 （2）种母羊选择。在初生、2月龄、6月龄、初产后、成年时（18月龄以上）进行。
选种技术	（1）初生鉴定。按照本品种鉴定标准进行鉴定。 （2）月龄鉴定。根据亲代成绩、同胞数、初生重及个体发育和体型外貌进行选择。 （3）6月龄选择。根据个体生长发育、体型外貌进行选择。 （4）公羊12月龄选择。根据个体生长发育、体型外貌、等级、精液品质进行选择。 （5）种公羊18月龄选种。根据个体生长发育、精液品质、配种成绩，并考虑血统进行选择。 （6）母羊初产后选择。按产羔数、羔羊初生重、母羊体重（母羊产后体况恢复正常时）等进行选择。 （7）母羊成年时（18月龄以上）选种。根据个体生长发育（母羊产后体况恢复正常时）及繁殖性能综合评定结果进行选择。 （8）成年羊选种。根据后裔测定成绩确定。
种羊更新	为了选种工作顺利进行，选留好后备种羊是非常必要的，后备种羊的选留要从以下几方面进行。 （1）要窝选（看祖先）。从优良的公母交配后代中全窝都发育良好的羔羊中选择。母羊需要第二胎以上的经产多羔羊。 （2）选个体。要选留初生重和生长各阶段增重快、体尺好、发情早的羔羊中选择。 （3）选后代。要看种羊所产后代的生产性能，是否将优良的性能传给了后代，若未传给后代，则不能选留。种公羊每年30%，母羊每年20%的比例更新。
七 育种资料	（1）系谱。按照种羊亲缘关系、编制系谱图。 （2）选配计划。依照亲缘关系、个体品种、育种要求等制定羊场年度选配计划。 （3）档案记录。应包括系谱记录、种羊卡片、种公羊精液品质检查、贮存及利用记录、母羊配种产羔记录、生长发育记录、疾病防治记录、个体鉴定记录、羊群饲草料消耗记录和羊只出售记录等。

十二、肉羊的选配

选配原则	（1）选配要与选种紧密结合起来，选种要考虑选配的需要，为其提供必要的资料；选配要和选种配合，好使双亲有益性状巩固定下来，并遗传给后代。 （2）要用最好的公羊选配最好的母羊，要求公羊的品种和生产性能，必须高于母羊；较差的母羊也要尽可能与较好的公羊交配，使后代得到一定程度的改善。 一般2级、3级公羊不能作种用，不允许有相同缺欠的公母羊进行选配。 （3）要扩大利用好的种公羊，最好经过后裔测验，在遗传性未经证实之前，选配可按体型外貌和生产性能进行。 （4）种羊的优劣要根据后代品种作出判断，因此，要有详细而系统的记载。
选配方法	（1）同质选配。具有相同生产特性或优点的公母羊进行交配，目的在于巩固共同的优点。同质选配能使后代保持和发展原有的特点，使遗传性趋于稳定。 但过分强调同质选配的优点，容易造成单方面的过度发育，使体质变弱，生活力降低。因此，在繁育工程中的同质选配，可根据育种工作的实际需要而定。 （2）异质选配。指选择不同优点的公母羊进行配种，或好的种公羊与具有某种缺点的母羊配种，其目的在于使后代能结合双亲的优点，或克服母羊的某些缺点。这种选配方式的优缺点，在某种程度上与同质选配相反。
品种选配具体应用	（1）个体选配。它是在羊的个体鉴定的基础上进行的选配。它主要是根据个体鉴定、生产性能、血缘关系和后代品质等情况决定交配双方。 对那些完全符合育种方向，生产性能达到理想要求的优秀母羊，可以选配两个类型的公羊，一是同质选配，使其后代具有理想和更稳定的优良品种；二是进行异质选配，以获得结合双亲不同优良品种的后代。 （2）等级选配。它是根据每一个等级母羊综合特征选择公羊，以求获得共同优点和共同缺点的改进。

品种选配具体应用	（3）亲缘选配。具有一定血缘关系的羊之间的选配。亲缘选配的作用的优点在于遗传性稳定，但亲缘选配容易引起后代的生活力降低，羔羊体质弱、体格变小、生产性能降低。 预防不良后果的产生，应采取下列措施。 一是严格选择和淘汰。必须根据体质和外貌来选配，使强壮的公母羊配种可以减少不良后果。要仔细鉴别情缘选配所产生的后代，选留那些体质结实和健壮的个体继续作种羊。凡体质弱生活力低的个体应予以淘汰。 二是血缘更新，是把亲缘选配的后代与没有血缘关系，培育在不同条件下的同品种间选配，可以获得生活力强和生产性能较好的后代（表5至表8）。

表5　种羊生长发育记录

品种＿＿＿＿＿＿个体号＿＿＿＿＿＿出生日期＿＿＿＿＿＿出生重＿＿＿＿＿＿千克

性别＿＿＿＿＿＿单（多）羔＿＿＿＿断奶日期＿＿＿＿＿哺乳时间＿＿＿＿

指标	1月龄	2月龄	3月龄	断奶	4月龄	5月龄	6月龄	9月龄	12月龄
体重 （千克）									
体高 （厘米）									
体长 （厘米）									
胸围 （厘米）									
管围 （厘米）									
尻宽 （厘米）									
备注									

登记员＿＿＿＿＿＿技术员＿＿＿＿＿＿

表6 肉用羊种羊卡

品种＿＿＿＿＿＿＿＿个体号＿＿＿＿＿＿＿＿登记号＿＿＿＿＿＿＿＿＿＿＿

出生日期 ＿＿＿＿＿＿＿性 别＿＿＿＿＿＿出生时母羊月龄＿＿＿＿＿＿＿＿＿

单（多）羔＿＿＿＿＿＿＿出生重＿＿＿＿千克 1月龄重＿＿＿＿＿千克

2月龄重＿＿＿＿＿千克 4月龄重＿＿＿＿＿千克 6月龄重＿＿＿＿＿千克

12月龄外貌评分＿＿＿＿＿＿＿＿＿＿＿＿＿ 等级＿＿＿＿＿＿＿＿＿＿

指　标	1岁	2岁	3岁	4岁	5岁	6岁
体高（厘米）						
体长（厘米）						
胸围（厘米）						
尻宽（厘米）						
体重（千克）						
羊毛长度（厘米）						
羊毛细度（厘米）						
剪毛量（千克）						
繁殖成绩						

表7　亲、祖代品质及性能

| 个体号 | 产自单（多）羔 | 等级 | 体高（厘米） | | 体重（千克） | | | 12月龄剪毛量（千克） | 繁殖成绩 | 备注 |
			12月龄	24月龄	6月龄	12月龄	24月龄			
父亲										
母亲										
祖父										
祖母										
外祖父										
外祖母										

表8　后裔表现

儿子：	女儿：

留（出）场日期：＿＿＿年＿＿月＿＿日

场技术负责人（签字）＿＿＿＿＿＿＿＿

十三、肉羊的引种规则

随着经济和社会发展，国内外各种交流日益频繁，如何根据各地自然生态环境和市场需求，正确选择引入品种，并在生产中加强选育和利用是工厂化肉羊生产的重要内容。

引进肉羊品种就是把国外专门化肉羊品种或外地肉用性能优良的品种、品系或类群引入到当地，进行品种杂改良的过程。

引种只是引入优良基因的一种手段，关键在于引种的利用，只有合理利用，引种才会有实际意义。

引种是以种羊，胚胎或冷冻精液的方法引进。

（一）引种的目的

改变方向	改变当地羊的生产方向 随着社会的发展，人们生活水平的提高，原有地方品种的生产方向已不能满足发展需要，且通过本地品种选育无法实现，则必须引进外来的品种，改变原有品种的生产方向，满足市场需求。
提高性能	提高当地羊的肉用性能 当某一品种的生产方向仍能适应社会需求，但质量和产量等生产性能低，而通过品种选育，提高幅度不大的情况下，在不改变生产方向的前提下，可引入生产方向相同的另一优良品种进行改良提高。

（二）引种应遵循的基本原则

引进的品种必须具有独特的生产性能，这是选择引进品种的先决条件。

考量两地生态环境差异	引种前要研究品种原产地和引入地之间在生态条件方面的差异——生态条件包括：地理位置如纬度、海拔、光照、气温、降水量、无霜期。羊场牧草条件、饲养管理方式等一系列因素。气候因素中对羊影响最大的是环境温度。 同一品种在不同的生态条件下会渐渐表现出适应当地条件的一些特征来。光照是影响许多重要生命活动过程的因素之一。肉羊发情配种季节与光照时数有明显关系。

考量两地生态环境差异	引入品种的适应性与诸多地理、生态环境有关。 两地如果生态条件相似，则引种成功的可能性大，该地区为适宜引种区。适宜引种区的判断主要为五个方面：温度、海拔、气温、降水量、牧草资源等。
考查引入品种适应性	引种前要考查新品种逐渐适应环境的可能性——适应性是由许多性状构成的一个复合性状，它包括品种的抗寒、耐热、耐粗放管理以及抗病力、繁殖力、生产性能发挥等一系列性状，直接影响到经济效益。 引入品种必须对引进地区生态环境有良好的适应性，只有适应性良好的品种才能正常繁殖、生长和充分发挥其遗传力与生产优势。一般从低劣环境引入优良环境中容易适应。
考虑引入预期效果	引进品种必须能使本地原有品种改良后产生更高的经济价值。这就彰显了引种的重要性。引种必须要慎重，不仅要考察该品种在外地的经济价值，而且主要结合当地市场实际和预期效果。
血统多样性	为确保引种羊群性状丰富，并来自较多血统，到国内外任何一个地区引种，都要争取从更多场家羊群中挑选。

（三）引种应注意问题

对引入品种全面考察	首要是对引入品种要全面考核。引入的肉羊品种，要符合国民经济的发展需要和当地区域规划的要求，并且有良好的经济价值和育种价值，具有良好的适应性。即引种不仅要考虑到必要性，而且要考虑到可能性。
慎重选择引入个体	（1）具有典型品种特性。优良个体具备该品种特征，如：体型外貌、生产性能、适应性等。特别是体型外貌方面，一定是品种的优秀个体，不应有其他缺陷。体型外貌包括：头形、角形、耳形及大小、头毛着生情况、背腰是否平直、四肢是否端正、蹄色是否正常及整体结构等。

慎重选择引入个体	（2）较高的生产性能。选择的个体应是品种群中生产性能较高者，各项生产指标应高于群体平均值。如体尺、体重、生产发育速度、繁殖率等。 （3）较好的健康状况。选择无传染病、体质健壮、生产发育良好、四肢运动正常。母羊乳头整体、发育良好。公羊睾丸大小正常，无隐睾单睾等现象。 （4）有详细清楚的系谱。本身生产性能好的个体，还要看父母、祖父母的生产成绩，特别是父母的生产成绩，并在引种时索取加盖单位公章的系谱资料。 （5）要有适度规模。引入个体要有一定数量，特别是种公羊要有几个血统，最好来自不同品系，以防纯繁时群体中近交系数的增加。 （6）最好选幼年健壮个体。通过牙齿鉴别或羊卡片了解引种羊的年龄，最好是 2~3 岁。性成熟年龄引进合适，妊娠后不易引进。
妥善安排调运季节	为了使引入羊只在生活环境上的变化不至突然，使机体有个逐步适应过程，在调运时间上应考虑两地之间的季节差异。 在启运时间上要根据季节而定，尽量减少途中不利的气候因素对羊造成的影响。如夏季运输应选在夜间行驶，防止日晒；冬季运输选在白天行驶。一般春秋两季是运输羊比较好的季节。
严格执行检疫隔离制度	动物检疫是引种中必须执行的项目。检疫的目的一是保证引进健康的种羊；二是防止传染病的带入和传播。 进行动物检疫的部门是县级以上的动物检疫站。 国内的检疫项目一般有临床检疫和传染病检疫，包括布病、蓝舌病、羊瘟、口蹄疫等。 运输羊必须经过检疫、车辆消毒后方可持证准运。 引回的种羊在相对封闭远离当地羊群的地方进行隔离观察，五周后才可和当地羊在一起饲养。

（四）种羊的运输

运输前的准备	**1. 途中草料及水的准备** 一般短距离（行程不超过 6 小时）途中不喂草料也可以，但要有水喝。因而行走前要准备好饮水及器具。

27

运输前的准备	远途运输，特别是火车运输一定要准备好草（一般为青干草）饲草用栅栏与羊相隔，以防羊踩踏污染。 **2. 押运人员途中用品、药品的准备** 押运人员必须选有责任心，对羊的饲养管理较为熟悉，且有较好体力的人。随车应准备铁锹、扫帚、手电筒及常用药品（特别是外用药品）等。 **3. 车辆的准备** 在办理铁路或公路检疫证时，就应联系车辆，并和检疫部门协同对车辆进行消毒。 车辆的准备应包括：一是车辆的大小和数量；二是车辆的消毒；三是确定装车的时间和地点；四是车上需要配置高马槽，车厢中间横拴 1~2 条绳索，以便押运人员在车上走动，车厢底部应铺垫草，为防滑吸湿。
装车	（1）装车前羊应空腹或半饱，以防腹内容物过多，车上颠簸引起不良反应。 （2）装车时车辆应停放在高台旁，让羊自由上车。 （3）在车辆马槽边沿处应放木棒挡住空隙，防止羊蹄踏入造成骨折。 （4）每车装羊数量以羊能活动为宜。羊装车后要清点车内羊数。
运输途中	运输路途中要做到：快、稳、勤。车行走时不易过快，以防互相拥挤，造成压伤，跌伤。 快——要求尽量缩短途中运输时间。 稳——要求车辆行进中要稳，加减速要缓慢。 勤——要求押运员眼勤、腿勤、手勤，途中休息时要清点羊数，给羊喂草、饮水，车厢太湿要换垫草，有挤倒的羊扶起。
卸车	（1）到达目的地，汽车停放在有高台的地方，打开马槽，让羊自由下车，切勿拥挤；下车后休息 0.5~1 小时后再喂草饮水，第一次不宜太饱。 （2）羊到达目的地要隔离五周，观察其行为采食，逐渐过渡到正常饲养管理程序。

（五）风土驯化与适应性锻炼

概念	风土驯化——是指引进品种适应新环境条件的复杂过程，使其能在新的环境条件下正常地生长发育、生存、繁殖、并保持原有的基本特征和特性。 　　适应性锻炼——是指在人工改变条件下，使羊逐渐适应当地的生态条件，饲养管理条件及提高抗病力。
风土驯化内容	**1. 改变条件适应种羊** 　　对引入品种的风土驯化，首先要人为创造其适宜的生态环境和饲料条件，使其实现平稳过渡，生长发育和生产性能不发生太大的波动。在此基础上再逐步改变饲养管理条件，并加强适应性锻炼。 　　**2. 加强对引入个体的适应锻炼** 　　当引入品种对新环境条件基本适应时，我们可以从引入个体直接适应环境开始，经过后代每一世代个体发育过程中，对新环境条件的适应，直到适应新环境为止，从而达到风土驯化的目的。 　　**3. 加强选育，定向改变遗传基础** 　　当引入地区环境条件超越引入品种的反应范围，从而表现出种种逆反应时，此时在改变环境条件的同时，通过选择的作用，交配制度的改变和适当导入其他品种的血液，淘汰不适应的个体，留下适宜的个体进行繁殖，从而逐步改变了群体中的基因频率，使引入的品种在基本保持原有特性的前提下，遗传基础发生改变。 　　风土驯化和适应性锻炼是引种后的基本措施，但是并不是所有引入品种经风土驯化都能正常生产，所以引种一定要因地制宜，慎重行事。

十四、肉羊杂交改良

近 20 年来，市场由于对羊毛、羊肉需求发生了变化，养羊业由原来毛用逐渐转变为肉毛兼用。而市场的需求不仅销量逐渐增加，而且对肉质的要求也随之提高。由于我国肉羊生产起步较晚，大多数地区羊种不适合肉羊生产的基本要求，因此，必须走杂交改良之路，即利用引进的优良品肉用品种提高地方品种的肉用性能，在此基础上逐步杂交育成我国自己的肉羊品系或品种。杂交改良是发展肉羊的重要手段。

肉羊品种的利用有两条途径：一是杂交培育成新品种即育成杂交；二是进行经济杂交，发展商品羊生产。

（一）育成杂交

指不同品种间个体相互进行杂交，以大幅度地改进生产性能，或纠正当地品种在某一方面的缺点，到一定程度时，促成新品种的产生。因此叫做育成杂交。

杂交培育新品种的过程可分为三个阶段：即杂交改良阶段，横交固定阶段，扩展提高阶段。

杂交改良阶段		这一阶段的主要任务是以培育新品种为目的，选择参与育种的品种和个体，较大规模地开展杂交，以便获得大量的优良杂种个体。在培育新品种的杂交阶段，选择较好的基础母羊，能加快杂交进程。
	级进杂交	级进杂交也称吸收杂交、改进杂交，以提高生产性能为目的的杂交，一般采用级进杂交方式。改良用的公羊与当地母羊杂交后从第一代（F1）杂种开始。以后各代所产母羊，每代继续用原改良品种公羊选配，在适宜的环境条件下，一般连续进行 3~5 代后，杂种后代即接近改良品种，以外血比例占 3/4 以上为宜。 按照级进杂交代次，后代可分为低代杂种和高代杂种。一般地讲，级进杂交常作为育成杂交的一个过渡阶段。
	导入杂交	要纠正某个缺点时，在本品种内选育中无法提高时，一般采用导入杂交方式。导入杂交应在生产方向一致的情况下进行。

杂交改良阶段	导入杂交	其方式是：只用外来品种杂交一次，然后用一代杂种（F1）公母羊分别与原品种的公母羊进行回交，连续回交 2~3 代后，停止回交，再自群繁育。通常外来品种引入与改良品种的生产方向要一致，其基因比例以 1/8~1/4 为宜。导入杂交在养羊业中广泛应用，其成效在很大程度上取决于改良品种公羊的选择和杂交种选配与羔羊的培育条件。 在导入杂交时选择品种个体很重要，因此选择经过后裔测验和体型外貌特征良好，配种能力强的公羊，还要为种羊创造良好的饲养管理条件，并进行细致的选配工作。 此外还要加强对原品种的选育工作，以保证供应好的回交种羊。
横交固定阶段		当有一定数量的符合育种目标的杂种后代，就可以在某些杂种后代中进行横交固定。这一阶段的主要任务是选择理想型杂种公母羊互交，即通过杂种羊自群繁育，固定杂种羊的理想特性。此阶段的关键在于发现和培育优秀的杂种公羊，往往个别杰出的公羊在品种形成过程中起着十分重要的作用。 横交初期，后代性状分离比较大，需严格选择。凡不符合育种要求的个体，则应归到杂交改良群里继续用纯种公羊配种。在横交固定阶段，为了尽快固定杂种优良特性，可以采用一定程度的亲缘选配或同质选配。横交固定时间的长短，应根据育种方向、横交后代的数量和质量而定。
扩展提高阶段		这一阶段的主要任务是建立品种整体结构、增加数量、提高肉羊品质和扩大品种的分布区域。杂种羊经过横交固定阶段后，遗传性较为稳定，并形成独立的品种类型。此阶段可根据具体情况组织品系繁育，以丰富品种结构，并通过品系间的杂交和不断组织新品系来提高品种的整体水平。

（二）经济杂交

经济杂交的目的是通过品种间的杂种优势，提高肉羊的生产水平和适应性。不同品种公母羊杂交，利用本地品种的耐粗饲，适应性强和外来品种生长发育快、肉质好的特点，使杂种一代生命力强、生长发育快，饲料利用率高，产品规格整齐等多方面的优点，在商品肉羊的生产中已被普遍采用。

经济杂交的目的在于尽快提高肉羊的经济利用价值。其杂交方式可采用简单杂交（二元杂交）、复杂杂交（三元杂交、四元杂交）和轮回杂交（两个以上品种的交替杂交）等多种方式。目前肉羊生产中以二元或三元杂交的经济杂交最为常用。

因为经济杂交的目的是利用杂种优势提高其经济效益，因此二元杂交后代做商品羊进入市场，不可留作种用。而三元或四元杂交后代中只选留优秀母羊，继续杂交，但不能横交。

二元杂交	两个品种之间进行杂交，产生的杂种后代全部用于商品生产的杂交方式。这种方式简单易行，适合于技术水平低，羊群饲养管理粗放的广大地区使用，其杂种的每一位点的基因都分别来自父本与母本，杂种后代中100%的个体都表现杂种优势。一般以当地品种为母本，引进的肉羊品种为父本。
三元杂交	两个品种杂交产生的杂种母羊与第三个品种的公羊交配所产生的后代为三元杂种。 其优点是后代具有三个原种的互补性，使肉羊的性能更好，商品性更完善。人们常把三元杂交最后使用的父本品种叫做终端品种。
轮回杂交	为了利用母羊繁殖力的杂种优势，实际生产中常用纯种公羊与杂种母羊交配，但回交后代中只有50%的个体获得杂种优势。在生产实践中，有人试图采用杂种公羊与当地品种母羊回交的方式，这种交配方式一般是不允许的，即杂种后代不能滥用，否则可能造成品种退化。

（三）利用杂种优势发展肥羔生产

利用性能特点各异的不同种群杂交，在不同饲养管理条件下，不但可以提高杂种后代的初生重、断奶重、成年羊重等生长发育性状，还可提高杂种后代的成活率、抗病力、繁殖力等性状，是利用杂种优势进行肥羔生产的有效措施。

杂种优势的估计	杂种优势的程度一般用杂种优势率表示。不同杂交组合杂种优势率不同，因此，在利用肉羊的杂种优势时，要通过杂交组合试验，找出最佳组合。不同性状所表现的杂种优势也有差异，一般低遗传力的性状杂交优势明显；反之不明显。 杂种优势率的计算公式为： $$H（\%）=\frac{\bar{F}-\bar{P}}{\bar{P}}\times100\%$$ 式中，H——杂种优势率；

杂种优势的估计	$\overline{F}$——子一代的平均产量； $\overline{P}$——父母的平均产量。 　　在国外肥羔生产中，往往采用3个品种杂交，甚至4个品种杂交来提高肉羊的经济效益。国外有报导，纯种羊和杂种羊进行比较，按每头配种母羊所产羔羊育肥到出售的体重计算，2个品种杂交比纯种提高16.6%，3个品种杂交提高32.5%。
杂交亲本的选择	父本应选择早熟，肉用性能好，并且能够将其性状稳定遗传给后代的品种。生产肥羔最好的父本品种有：道塞特和萨福克，德国肉用美利奴、杜泊、特克赛尔等。但也应考虑到该品种多胎性，在饲料较丰富地区可选择罗曼诺夫和芬兰羊。 　　母本品种一般选用数量大，适应性好的当地品种。我国可供经济杂交生产肥羔的母羊品种有二类：一是地方品种，如繁殖率很高的小尾寒羊和大尾寒羊，生长速度快，适应性强的阿勒泰羊和乌珠穆沁羊；二是各类杂交羊。

（四）杂交改良应注意的问题

（1）杂种后代的均匀性决定于可繁殖母羊的整齐度。用于繁殖的母羊尽可能来源于同一个品种，并且体型外貌和生产性能方面具有一定相似程度。

（2）明确改良方向，根据自身羊群的现状特点和当地的自然条件，有针对性地选择改良品种。根据不同情况选择不同的杂交方式，首先解决羊群最突出的问题。

（3）把握杂交代数和改良程度，防止改良退化，尤其是级进杂交。在产肉，繁殖和酮体品质改良的同时，尽可能保持和稳定原有品种所具有的优良特性，实现性状改良，质量提高。

（4）杂交改良与相应的饲养管理方式配套，根据改良后代的生理和生长发育特点，采取科学的饲养管理制度，使改良后代的潜能得到充分发挥，实现杂交改良的经济效果。

（5）建立杂交改良、繁殖和生产性能记录。随时监测改良进度和效果。无论是级进杂交还是轮回杂交，再次使用同一品种改良时，严格避免重复同一个公羊或其具有血缘关系的公羊，以防亲缘繁殖，近亲衰退。

（6）要时刻关注杂交后代的适应性。一个优秀品种的引入，不能完全代替本地品种。其主要原因是外来品种的适应性差。连续数代杂交可能也产生同样的问题。

因此，经济杂交的代数应根据杂种后代的表现给予适当控制，否则，杂种优势的潜力就难以发挥出来。

（7）杂交效果的比较最好在同一条件下的比较。不同的杂交组合要在相同的饲管条件下显现出不同效果，才能确认是适宜本地或本场的真正最优杂交组合。

（8）保持亲本母羊的持续作用。杂交用父本品种数量少，一般不易遭到抛弃。而母羊的数量大，生产性能差，容易被淘汰，在生产中为了能长久的利用杂种优势应保护好亲本母体。

十五、提高母羊繁殖力的其他技术措施

肉羊生产中繁殖技术是关键环节之一，繁殖技术不仅直接影响肉羊生产效率，而且也是畜牧科学技术的综合反映。

在繁殖技术上，通过有效控制、干预繁殖过程，使肉羊生产按人类的需要与要求有计划地进行生产。

除此之外，还有在日常饲管中对羊群繁殖性状的挑选，羊群结构组成、营养水平全面供给及环境调控等都不可忽视，是为提高羊群繁殖力的有力措施。

重视繁殖性状的选择	羊的多胎性决定于基因型，是可以遗传的。因此可以通过强化多胎基因的选择来提高多胎基因型的频率，使群体多胎率得到提高。 在公羊的选择上，许多试验和实践发现多产性高的品种，早期睾丸生长发育快，睾丸大的公羊后代排卵率高于睾丸小的公羊后代。还有研究证实，种公羊对母羊的多胎性有着至关重要的影响。 建立以种公羊为主的家系选择制度，并以睾丸大小为主选性状，对公羊进行选择。 母羊的选择应以每次发情排卵个数为主选性状，公母羊主选性状的确立，大大提高了产羔率的遗传进展。引入多胎基因是提高肉羊繁殖能力的有效方法。 我国的小尾寒羊产羔率平均为270%，而且常年发情，是个很好的母体选择。
注重公母羊营养水平	营养水平对羊繁殖能力影响极大。实践证明，只重视配种季节的饲养管理，而放松非配种季节的饲养管理，往往造成在配种季节到来时，公羊的性欲、采精量、精液品质等均不理想。因此，必须加强对种公羊的饲养管理，常年保持种公羊的种用体况。工厂化肉羊生产更应如此，工厂化生产不分季节，而是常年连续均衡生产。种公羊要常年保持适度膘情，过瘦过肥都是不理想的。 种公羊良好体况的标志应该是：性欲旺盛、接触母羊时有强烈的交配欲；体力充沛，喜欢与同群或异群羊挑逗打闹；行动灵活、反应敏捷；射精量大，精液品质好。

注重公母羊营养水平	基础母羊是羊群的主体，是肉羊生产性能的主要体现者。基础母羊量多群大，同时兼具繁殖后代和实现羊群优良生产性能的重任。 过去自然放牧中母羊随季节天然草场之变化，营养状况有明显季节性，母羊发情也随之产生季节性。如今工厂化肉羊生产必须注意营养全面并全年均衡供给，才能提高羊群的繁殖力。草料不足，饲料单一，尤其缺乏蛋白质和维生素是羊只不发情的主要原因。 为此，每月对基础母羊群进行一次体况评定，依据评定结果及时调整饲养方法。对营养中下等和瘦弱的母羊要给予必要的补饲，提高羊群的繁殖力。
调整羊群结构	羊群结构主要指羊群中的性别结构。从性别方面讲有公羊、母羊和羯羊三种类型的羊只，母羊的比例越高越好。 从年龄方面讲，有羔羊、周岁羊、2~6岁及老龄羊，羊群中年龄由小到大的个体比例逐渐减少，形成一定程度的"金字塔"结构，从而使羊群始终处于一种动态的，后备生命力异常旺盛的状态，也就是说要增加羊群中适龄（2~5岁）繁殖母羊比例。工厂化肉羊生产基础母羊群中适龄繁殖母羊应占羊群70%以上。7岁以后的繁殖力下降，应淘汰。
加强环境调控	（1）做好防暑降温，缓解热应激的不良影响，温度对繁殖力危害以高温为主，低温危害较小。气温过高使绵羊散热困难，影响采食和饲料报酬，所以气温较高羊的繁殖能力较低。高温对公羊的射精量和精液的品质都有不良影响。因而要做夏季的防暑降温工作，对提高羊的繁殖力有重要意义。 （2）控制光照，提高繁殖力。羊属短日照繁殖家畜，当日照由长变短时，绵羊开始发情，进入繁殖季节。因此可用人工控制光照来决定配种时间。秋季在羊舍给羊照明，可使配种季节提前结束。夏季每天给羊舍遮罩一段时间来缩短光照，能使母羊的配种季节提前出现。 据试验证明，夏季每天减少光照3~8小时，使光照时间控制在8~10小时，可以增加绵羊采精量和精子密度。 （3）此外，应淘汰连续2年不孕的母羊。并每年在配种前对公母羊生殖系统进行检查。发现疾病，及时治疗或淘汰，也是提高羊群繁殖力的重要技术环节，应加以高度重视。

十六、工厂化肉羊生产繁殖新技术的应用

高频繁殖体系，应用繁殖新技术及配套措施是工厂化肉羊高效生产技术体系中的重要内容。

随着科学技术不断发展进步，利用羊的生殖生理在羊的繁殖过程中采用了：同期发情、人工授精、超数排卵、胚胎移植、早期妊娠诊断、诱产双羔及同期分娩等先进技术，可以加快肉羊改良繁殖和育种工作。实现工厂化生产，大大提高肉羊生产水平和生产能力。

（一）同期发情技术

同期发情就是利用某些激素制剂人为地控制和调整母羊自然发情周期，使同一组群羊在预定的时期内集中发情。有利于工厂化按程序进行生产，是工厂化肉羊生产首要必须实施的技术手段，也是开展胚胎移植不可缺少的先行手段。

常用的方法有孕激素海绵栓塞法和前列腺素（PG）及三合激素（ITC)处理法。目前国内以海绵栓塞法和阴道孕酮释放装置（CYDR）较为多用。

孕激素栓塞		此方法简便易行，效果可靠，成本低廉，是目前国内较为理想的实用性制剂。此法是将栓塞放置于母羊子宫颈外口处，放置12~14天后取出，此时孕激素效能立即中断，在取栓的当天注射PMSG（孕马血清）300~500单位，2~3天后绝大多数表现发情。若在母羊出现发情时注射HCG（人类绒毛膜促性腺激素）500单位，能提高排卵率和受胎率。 阴道栓塞市场有售，也可以自制，其方法是取无菌海绵一块，剪成圆柱形或球形，直径为2~3厘米，栓上35~45厘米长的细线，每块海绵浸吸一定量的孕激素制剂的溶液（孕激素与植物油混合）即成。 常用的孕激素种类和剂量为：孕酮150~300毫克，甲孕酮50~70毫克，甲地孕酮80~150毫克，18甲基–炔诺酮30~40毫克，氟孕酮20~40毫克。
	操作方法	（1）将阴道栓浸入有抗生素的润滑剂（经高温消毒的食用油或红霉素软膏）中使之润滑。 （2）可用送栓导入器将栓塞送入母羊阴道内，缓缓插入阴道10~15厘米处，用推杆将栓塞推入子宫颈外口处。将导入管和推杆一并退出，细线引至阴门外，留线长度15~20厘米。

孕激素栓塞	操作方法	（3）也可用使长柄镊埋栓，将羊固定后，用开腔器打开阴道，用长柄镊将沾有抗生素的自制阴道栓放入阴道内 10~15 厘米处，即子宫颈口处，使阴道栓的线头留在阴道外即可。 （4）幼龄处女羊阴道狭窄，应用送栓导入器困难，可改用长柄镊，甚至可用手指将阴道栓直接推入。 （5）撤栓做法是用手拉住线头缓缓向后，向下拉，直至取出阴道栓，或用开腔器打开阴道后，用长柄镊取出。拆栓时，阴道内有异味黏液流出属于正常，如有血、脓，则说明阴道内有破损或感染，应及时使用抗生素处理。
同期发情技术应用注意事项		同期发情技术是一项组织严密、科学严谨的技术体系，只有按技术操作规程正确操作，才能产生应有的效果。 应严格遵守以下事项。 （1）同期发情处理的羊群应确定母羊没有怀孕，才能实施同期发情，否则会引起流产。 （2）加强羊群饲养管理，普遍达到中等以上膘情。实施同期发情技术，应明确专人负责指导严格把关。 （3）放置阴道海绵栓及用具必须严格消毒，防止造成和传播阴道炎症。 （4）海绵栓上应涂专用无菌润滑药剂，防止擦伤阴道黏膜，发生炎症。 （5）埋栓时避免尘土飞扬，防止污染阴道栓。母羊阴道塞栓期间，若发现阴道栓脱落，要及时重新塞栓。
影响同期发情效果因素		（1）与实施母羊体况有关。被处理母羊体况是影响同期发情效果的关键。其内容包括年龄、体质、膘情、生殖系统健康状况等。好的同期发情处理方法，只有在被处理母羊身体素质良好和生理功能正常，无生殖道疾病，获得良好饲养管理。公母羊分群饲养才能取得较好效果。 （2）药品质量也有影响。国内产品可能偶尔会出现批次间质量不稳，导致同期发情效果有差异。 （3）处理季节也有影响。羊多属季节性繁殖家畜，在非繁殖季节以及到来之际时处理的效果也有不同。 （4）不同处理方案的选择其效果也有差异。

（二）人工授精技术

人工授精和同期发情是工厂化肉羊生产流程化管理的先行的配套技术，也是胚胎移植的一项基础性工作。工厂化生产能否按"周期"正常运转，始于同期发情与人工授精。只有良好的精液品质、科学处理技术、准确掌握母羊的配种时机、正确的输精方法，才能保证良好生产效益。

人工授精工作包括种公羊的饲管、器材消毒、精液的采集、检查、精液的稀释、保存、运输、母羊的试情及输精等基本环节，每个步骤都必须严格按操作规程来做（操作规程另附）。

● 公羊饲养管理的好坏，关系到精液品质和数量是否有保证。

● 器材消毒是否彻底，关系到是否会将细菌带入到精液中，从而影响到精子的活力，或引起疾病的传播，从而降低受胎率。

● 种公羊精液品质检查，应将不合格精液剔除，否则会降低受胎率。

● 试情主要是确判母羊发情时间，从而及时准确地输精，提高受胎率。

● 人工授精技术的重要意义如下。

（1）提高种公羊的利用率，充分利用优秀的遗传资源，加快了品种改良。

（2）防止自然交配而传染疾病。

（3）减少母羊不孕，提高母羊受胎率和繁殖率。

（4）便于工厂化程序管理，促进改良育种工作进程。

（5）减少种公羊饲养数量，降低生产成本。

（三）超数排卵技术

概念	母羊的超数排卵是在母羊发情的前几天，注射促性腺激素，使卵巢比正常情况下有较多的卵泡发育并排卵，这种方法叫超数排卵（简称"超排"），经过超排处理的母羊一次可以排出数个甚至十几个卵。这对充分发挥优良母羊的遗传潜力具有重要意义。 　超数排卵处理是胚胎移植中不可缺少的重要环节；胚胎移植实际上是生产胚胎的供体和养育胚胎的受体分工合作共同繁殖后代的过程。既然供受体二者共同完成繁殖优良后代，因此二者生理状态过程必须同步进行，即同期发情是超数排卵及胚胎移植的首要基础工作。

常用激素	① 促卵激素（FSH）——其优点是药效比较均衡，超排效果比较稳定，但需要连续注射3~4天，操作烦琐，价格比孕马血清促性腺激素高。 ② 促黄体素（LH）——其主要作用是成熟卵泡的卵泡壁破裂，从而使卵自卵巢排出，使排过卵的破裂卵泡形成黄体，并能维持妊娠黄体，具有早期保胎作用。 ③ 孕马血清促性腺激素（PMSG）——它兼有促卵激素和促黄体素双重作用，既能促进卵泡发育成熟，又能促使排卵形成黄体。 PMSG使用简单，只需注射一次，而且价格低廉，但超排效果不够稳定。若配合使用抗孕马血清促性腺激素（APS）用来中和母羊排卵后血液中残留的孕马血清促性腺激素则能收到较好效果。 ④ 人绒毛膜促性腺激素（HCG）——它的功能与促黄体素很相似，主要是促使卵泡排卵并形成黄体。也有协同和加强促卵激素的作用。 ⑤ 前列腺素（PG）——主要作用是溶解黄体、增强超排效果，并使供受体在预定的时间内发情。
常用超排方法	超排最好在羊的最佳繁殖季节进行，即每年秋、春季较为适宜。要取得理想效果，供体母羊在排卵前要观察2个完整的发情周期。 目前常用的方法有：①促卵泡激素递减注射法。在供体母羊发情周期的任意一天，在阴道内放置阴道孕酮释放装置（CTDR)或阴道海绵栓，母羊在放栓的第9天至第13天开始递减注射促卵激素，每天2次，间隔12小时，递减肌内注射促卵激素（FSH）总量6.0~7.0毫升，3天共6次，在第5针注射促卵激素的同时注射前列腺素0.08~0.1毫克/次，并取出CTDR或海绵栓。供体羊在取出栓子后12~24小时，有发情情况，发情后应立即配种，并注射黄体素90~150单位。 从注射超排激素促卵激素的第四针开始或拆栓后的6~12小时开始就应该每天早晚用试情公羊试情一次。供体母羊发情后立即配种，则需加大输精量，并保证精液的密度与精子的活力。 如果供体羊在促卵激素没注射完毕时提前发情，则停止注射促卵激素，立即配种并注射黄体素。一般促卵激素打4针之前就发情的羊不进行配种和冲胚。 ② PMSG处理法：绵羊在自然发情或诱导发情的第12~13天，一次性注射孕马血清促性腺激素1 000~2 000单位，发情后配种并同时注射等量的抗孕马血清促性腺激素（APS），即可达到超排目的。

影响超排效果因素		实际生产中，供体羊对超排处理的反应存在很大差异。常见的为相同的超排处理方法而个体间效果不同，有的排卵很多，而有的排卵很少，甚至无反应。目前已知影响超排效果的主要因素有以下几方面。
	超排激素	超排激素的种类、生产厂家、批号、药品的保存方法、处理程序等对超排效果均有影响。在胚胎移植中，为慎重起见，在一批激素大量使用之前，可以先做几次预备试验，根据结果选择合适的计量和处理程序，做到心中有数。
	供体羊自身因素	羊的品种、年龄与胎次、营养状况、生殖功能、重复超排次数、断奶后间隔时间等对超排效果都有影响。目前还没有控制每一只供体羊都能获得满意超排效果的方法。 重复超排间隔时间的长短也是一个重要因素，一般认为 2 次超排间隔时间应不少于 1.5 个月，即中间要间隔 2 个自然发情周期，否则生殖功能难以完全恢复。产后母羊的断奶间隔应在 2 个月以上，即应有个泌乳后的体能调整阶段，使母羊在体能和生殖系统上得到充分恢复。
	季节因素	在羊的繁殖季节超排比非繁殖季节超排效果好，即秋季最好，春季次之，夏季最差，羊的超排效果与季节呈现显著相关，高温天气对羊的超排效果不利。
	配种方式	对供体羊配种，既可以采用自然交配，也可以采用人工授精。 公羊的数量、公羊的精液品质、输精量、稀释倍数、输精次数、输精部位以及配种间隔时间对超排结果有着很大的影响。如果配种出现了失误，则出现大量未受精卵，使整个超排失效。

（四）胚胎移植技术

胚胎移植是对超数排卵处理的母羊（供体）经受精后，从其输卵管或子宫内，取出许多早期胚胎（受精卵），移植到另一群母羊（受体）的输卵管或子宫内，以达到产生供体后代的目的。这是一种使少数优秀供体母羊产生较多的、具有优良遗传性状的胚胎，使多数受体母羊妊娠、分娩而达到加快优秀供体母羊品种繁殖的一种先进繁殖生物技术。

也就是加快优良品种的繁殖和新品种培育的进程，降低育种费用，减少疾病传播，增加双胎率等方面均具有现实意义。胚胎移植多用于纯种扩繁。

供体受体羊的选择与饲管	供体羊通常选择优良品种、生产性能高的个体，其职能是提供移植用的胚胎；而受体则只要求繁殖机能正常的一般母羊，其职能是通过妊娠使移植的胚胎发育成熟，分娩后继续哺乳抚育后代。受体母羊并没有将遗传物质传给后代，实际上是以"借腹怀胎"的形式产生出供体的后代。 供体羊的选择符合本品种标准，具有优良生产和育种价值，无遗传疾病、体质健壮、发情周期正常、发情症状明显、繁殖机能旺盛且无流产及其他繁殖机能疾病，对超排反应良好的适龄母羊。 所选供体羊应有专人负责，调整日粮标准，使其在超排前达到理想的生理状态。供体羊群在经过适应饲养期后，至少要连续观察两个正常发情期，才能进行超排处理。 受体母羊选择无生殖器官疾病、抗病性好、泌乳能力强、生产性能较高的适繁个体。受体母羊要进行检疫、防疫和驱虫，并进行生殖器官检查和发情观察。受体羊要精心饲养管理，以达到中等膘度，提高受胎率。
供体母羊的超排	概念——羊的超数排卵即在母羊发情的适当时间，施以外源促性腺激素，使卵巢比自然情况下能有较多的卵泡发育并排卵的技术，简称超排。超排处理是胚胎移植不可缺少的一个重要环节。超排最好在羊的最佳繁殖季节进行，即每年秋季9—11月，12月至翌年2月也可以。要取得较理想效果，供体母羊在超排前要观察2个完整的发情周期。 **方法：** 孕激素+PMSG或FSH法——在绵羊发情周期的10~13天，山羊发情周期的13~16天，用孕激素阴道海绵栓分别处理12~14天或14~18天，在处理前的1~2天，一次肌内注射PMSG 1 000~2 000单位或3~4天减量皮下注射FSH 300单位。
供体母羊	**发情鉴定与配种** 供体超排处理后，要认真观察并记录其发情状况。发情鉴定时为母羊接受交配应立即配种，最好用自然交配方式，每隔8~10小时配种一次，共配5~6次。

受体母羊	**与供体母羊的同期发情** 　　胚胎移植对共受体发情同步性要求十分严格，供受体发情开始时间越接近，受体母羊受胎率越高。受体与供体的发情同步差，超过 12 小时受体的受胎率就会明显下降，超过 48 小时几乎无受胎的可能。 　　一般来说，受体与供体发情同步差在 12 小时之内胚胎移植将得到较好效果。	
胚胎的采集与移植		采胚时间一般在配种后 3~8 天内进行，胚胎发育至 4~8 细胞期以上为宜。 　　采用输卵管冲胚，较合适的时间是 60~76 小时。采用子宫角冲胚，较合适时间是 5~7 天。 　　胚胎的采集和移植，全采用手术法完成，按照外科手术要求操作规程进行。
	胚胎移植程序	在自然情况下，母羊的繁殖是从发情、配种、受精、妊娠直到分娩产羔为止。而胚胎移植是将这个自然繁殖程序由两部分羊来分别完成。 　　供体羊因为只是提供胚胎，首先要求供体羊与受体羊群同时作同期发情处理，供体羊还需做超排处理，再用优良公羊配种，于是在供体母羊生殖道内产生许多胚胎（受精卵）。将这些胚胎（受精卵）取出体外，经过检验后，再移入受体母羊生殖道相应部位。 　　受体母羊必须和供体母羊同时发情并排卵，但不予配种。这样移入的胚胎（受精卵）才能继续发育，完成妊娠过程，最后分娩产出羔羊。
	胚移植技术操作内容	供体母羊的选择和检查；供体母羊发情周期记录；供体、受体母羊同期发情处理；供体母羊超排处理；供体母羊的发情和人工授精；供体母羊胚胎收集；胚胎的检查、分类、保存。 　　受体母羊的选择和检查；受体母羊的发情记录；与供体母羊一同作同期发情处理；受体母羊移入供体母羊胚胎；供体、受体母羊术后管理；受体母羊的妊娠诊断；妊娠受体母羊管理及分娩；羔羊登记。

<table>
<tr><td rowspan="1">胚 移 经 济 效 益 评 估 及 重 要 提 示</td><td>

胚移技术应用水平的重要指标有两个：一是经超排处理母羊平均获得的可用于移植的胚胎数量。目前较好的水平为 10~15 个；二是移植后受体羊的受胎率，目前手术法鲜胚移植的受胎率可达 60%~80%，冷胚和非手术移植的受胎率要低些，一般为 50%~60%。

尽管胚移技术是加快良种羊纯种繁殖速度有效手段，但必须充分考虑其经济效益和风险同时并存，在应用决策时要充分注意以下几点。

首先，胚移是一项技术性强，操作环节多，影响因素复杂的系统工程，需要较优的设备、药械、动物和人员素质条件。其中实施者的理论、技术水平和操作经验至关重要。任何一个环节上的条件不到位，都会影响应用效果，甚至前功尽弃。

其次，如果仅仅是以提高经济效益为目的，就必须仔细核算生产成本。与自然繁殖状态相比，胚移后代的成本要大得多。如果胚移所获得的羔羊数量等于自然繁殖数量，就失去了应用这项技术的意义。只有大大超过自然繁殖水平，才能获得预期的经济效益。

胚移的另一个风险是可能对供体羊生殖机能的损害。损害程度和发生的概率取决于操作者的技术水平。特别是在手术法采集胚胎过程中可能造成供体羊的卵巢、输卵管等器官的粘连，严重时可能造成供体羊生殖机能彻底丧失。

因此，在供体羊数量少，品种价值较高的情况下要充分慎重考虑，不要仅凭技术理论指标就做应用决策，更不要轻信故意夸大应用效果的商业宣传。

在依靠有偿技术服务应用该技术时，应以实际移植后代的数量为指标，与技术方签订详尽服务协议，并注明风险损失承担内容。

</td></tr>
</table>

（五）早期妊娠诊断

配种后的母羊应尽早进行妊娠诊断，能及时发现空怀母羊以便采取补配措施。对已受胎母羊加强饲管，避免流产，这样可以提高羊群的受胎率和繁殖率。

简言之，早期孕检对保胎、减少空怀和提高繁殖率都具有重要意义。

其方法如下。

外部观察	母羊受孕后，在孕激素的制约下，发情周期停止不再有发情症状，性情变的较温驯。同时甲状腺活动逐渐增强。孕羊的食欲增强，采食量增加，营养状况得到改善，毛色变得润泽光亮。仅靠表现不能确诊是否妊娠，应结合触诊法来确诊。		
触诊法	待母羊自然站立，两手以抬抱方式在腹壁前后滑动，抬抱的部位是乳房的前上方，用手触摸是否有胎胞块。注意抬抱时手掌展开，以托为主，动作要轻、快、滑动触摸。		
阴道检查	妊娠母羊阴道黏膜的色泽、黏液性状及子宫颈口性状均有变化，依据其变化可确诊之。		
	观察部位	部位变化	
		妊娠母羊	未孕母羊
	阴道黏膜	由空怀时的浅粉红色变为苍白色，但用开腔器打开阴道后，很短时间内既由白色又变成粉红色。	空怀母羊黏膜始终为粉红色。
	阴道黏液	阴道黏液是透明状、量少、浓稠、能在手指间牵拉成丝。	阴道黏液量多、稀薄、颜色灰白。
	子宫颈	子宫颈紧闭、色泽苍白并有浆糊状粘块堵塞在子宫颈口，称为"子宫栓"。	无此状况。
免疫学诊断	妊娠母羊血液、组织中具有特异性抗原，能和血液中的红细胞结合在一起。用其诱导制备抗体血清，加入妊娠母羊血液，红细胞会出现凝集现象。未孕则无此凝集现象。		
孕酮测定	将待查母羊在配种 20~25 天后，采血制备血浆，再用放射免疫标准试剂与之对比，判定血浆中孕酮含量。 判定妊娠标准：绵羊每毫升血浆中孕酮含量大于 1.5 纳克，山羊大于 2.0 纳克。		
B超探测	超声波探测仪是一种先进的诊断仪器，做早期妊娠诊断便捷可靠。检查方法是将待检母羊侧卧保定好，在羊的腋下乳房前毛稀少处，涂上液体石蜡等耦合剂，将超声波探测仪的探头对着骨盆入口方向探查，超声波诊断最好在配种 40 天以后，这时胎儿的鼻和眼已经分化，易于诊断。准确率可达 98% 左右。		

（六）诱产双羔技术

通过人为手段，利用激素或免疫的方法引起母羊有控制的排卵，改善母羊的生理环境，提高基础母羊群产双羔的比例。这项技术与胚胎移植超排不同，并不是要求母羊排卵越多越好，以较大幅度提高群体产羔为目标。

其方法如下。

补饲催情法	利用营养调控技术提高母羊双羔率，主要包括采用配种前短期优饲，补饲维生素 A 和维生素 E 制剂，补饲豆料牧草，补矿物质、微量元素等。实践证明，这些措施既能提高母羊的发情率，又能增加排卵数，诱使母羊产双羔甚至多胎。 对配种前的母羊实行营养调控处理，加大短期投入，可以达到事半功倍的效果。一般情况下，采取该措施，在配种前的短期内使母羊活重增加 3~5 千克，能提高母羊的双羔率 5%~10%。待配种开始后，恢复正常饲养。从经济效益上分析，不会增加生产成本，投入恰到好处。
生殖免疫技术	该技术是以生殖技术为抗原，给母羊进行主动免疫，刺激母羊产生激素抗体，或在母羊发情周期中用激素抗体进行被动免疫。这种抗体便和母羊体内相应的内源性激素发生特异性结合，显著地改变内分泌原有的平衡，使新的平衡向多产方向发展。

生殖免疫制剂		双羔素（睾酮抗原）、双羔疫苗（类固醇抗原）、多产疫苗（抑制素抗原）及被动免疫血清等。其使用方法应遵照说明书进行。 双羔素免疫是激素免疫中最有效最适用的方法，具有微量、高效、安全和价廉的特点，是提高母羊繁殖能力的重要途径。双羔素对母羊会使卵泡发育加快，成熟健康的卵泡数随之增多，排卵率提高。
	双羔素的用法	①"澳双"配种前 7 周（49 天）进行第一次免疫注射，间隔 3 周（即配种前 4 周）进行第二次免疫注射。注射部位颈部皮下，一次用量 2 毫升 / 只。 ②"兰双"配种开始前 6 周（42 天）进行第一次免疫注射，第三周（21 天）进行第二次注射。注射部位颈部皮下，用量 1 毫升 / 只。再过三周（21 天）即可配种。

生殖免疫制剂	应用注意事项	① 严格遵循免疫规程，要严格按免疫要求操作。特别注意免疫的时间、间隔和剂量。若第二次免疫间隔少于 10 天，第二次免疫至配种间隔时间少于 15 天，会严重影响免疫效果。若第二次免疫后 2 周内配种，会造成母羊暗发情不排卵、不发情，以致难以受精，减少囊胚发育，受胎率降低。免疫剂量不准确同样会影响免疫效果。 ② 严格选择母羊。 实施诱产双羔的母羊必须具有正常繁殖能力，身体健康无病，以 3~5 岁的经产母羊为宜，体重应在 40~45 千克为宜。 ③ 公母必须分群饲管。 ④ 双胎素应避光保存，保存温度为 0~8℃，保存时间应尽量短，否则会影响免疫效果。

（七）诱发分娩技术

诱发分娩也称人工引产，是指在妊娠末期的一定时间内注射激素制剂，诱发孕羊妊娠终止，在计划确定的时间内分娩产出正常的羔羊。针对个体称之为诱发分娩，针对群体称之为同期分娩。该技术在工厂化高频繁殖体系中有时应用为的程序化生产需要。需谨慎用药，严守说明书使用。

方法：

（1）单独使用糖皮质激素或前列腺素。

① 在羊妊娠的 144 天，注射 12~16 毫升地塞米松，多数羊在 40~60 小时产羔。

② 对妊娠 141~144 天的羊，肌内注射 15 毫升前列腺素或 0.1~0.2 毫克氯前列烯醇，诱发处理后 3~5 天产羔。

（2）合同雌激素与催产素。

值得注意的是，在肉羊无公害生产中，禁止使用己烯雌酚。

十七、工厂化肉羊生产主要设施

羊场的设施包括各种栅栏、饲槽、饮水设施、防疫设施、饲料加工设备。

（一）栅栏

1. 分群栏

当羊群进行羊只鉴定，分群及防疫注射，需要用分群栏分群。分群栏有6~8米的通道，其宽度稍比羊体宽，羊在通道内只能单向前进不能回转向后。通道两侧视需要设若干个小圈，圈门开关方向决定羊只的去路。

2. 母仔栏

母仔栏设在产房内，可用木条、钢筋或丝网制成，可活动课随意组合，高1米，长1.5米，宽1.2米。母仔单独隔栏可增进母仔情感。利于羔羊哺乳。

当羔羊7~10日龄时可将母仔栏重组成10只母羊组成一个较大的母仔栏，并组成一个羔羊补饲栏，设一小门只能羔羊自由通过。

3. 活动围栏

用于随时分隔羊群，基础母羊舍分隔已输精或未输精羊的分隔及其他需分隔时用。

（二）饲槽

饲槽是养羊最基本的设施之一。饲槽设计合理可保持草料卫生，不浪费草料。

制作饲槽时必须符合以下要求：既可保证羊只自由采食，又能防止羊只跳进食槽内把草料弄到槽外，造成污染和浪费，槽深要适度，保证羊嘴能够到槽底，把槽中饲料全部吃净。槽沿圆滑，槽底是弧形，槽沿上设置隔栏，结实牢固，经久耐用，减少维修麻烦。

（三）草料架

草料架形式多样，利用草架能减少浪费，避免饲草污染。草架露草间距为9~10厘米。

（四）草棚

用于储备干草或农作物秸秆。四周可用砖砌成1.5米高，墙上有柱支撑，用石棉瓦顶防雨水。草堆下面应用钢筋或木材等物垫起，以防潮发霉。

（五）药浴池

为了防治疥癣等外寄生虫病，每年要定期进行药浴。药浴池一般为长形水沟状，用水泥筑成，池深 1~1.2 米，长 10~12 米，上口宽 0.6~0.8 米，下底宽 0.4~0.6 米。以单羊通过而不能转身为宜。池的入口端为陡坡，方便羊只迅速入池，出口端为台阶式缓坡，以便浴后羊只攀登。

入口端设漏斗形储羊圈，可用活动围栏构建。出口设有滴流台，使浴后羊身上多余药液流回池内。

（六）青贮窖

青贮窖是最普遍的一种青贮设施。生产中多采用地下式，地下水位较高的地区可采用半地下或地上式。窖壁窖底用砖水泥砌成，要光滑平直，窖底成锅底状。

（七）饲料库

库内通风要求干燥、清洁、夏季防潮防饲料霉变。饲料地面及墙壁平整，库外四周排水良好。建筑形式可以是封闭式半敞开式或棚式。饲料应靠近饲料加工车间。

（八）供水设备

水源与羊舍相隔一定距离，以防止污染。运动场应设水槽。也可安装自动饮水装置。

严寒冬季应供给温水，特别是妊娠母羊防止冷刺激引起流产，可用砖、水泥或铁皮制作成的"铜火锅"形式，用废弃草渣加温，供应温水。

（九）人工授精室

人工授精室应设有采精室、精液处理室和输精室。人工授精站平面装修图如下。

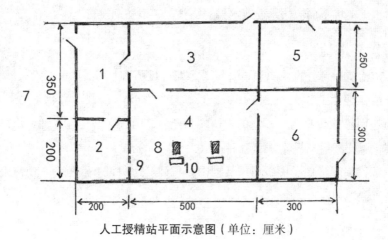

人工授精站平面示意图（单位：厘米）

1. 采精室　2. 精液检查室　3. 待输精母羊室　4. 输精室　5. 贮藏室
6. 已输精母羊室　7. 待采精公羊栏　8. 输精架　9. 送精窗口　10. 输精坑

（十）兽医室

兽医室主要承担肉羊的疫病防控，确保持续养殖，并要有相应的检疫制度，无害化处理制度、消毒制度、兽药使用制度等。兽医室的建造和配套要求符合《无公害食品肉羊饲养兽医防疫准则》（NY 5149—2002）所规定条件。

（十一）称量器具，称量与羊笼

工厂化肉羊生产饲料用量很大，尤其是饲草（秸秆）这些草料，无论是自产或购买，还是加工调制或利用，要想做到科学饲养必须要称重。由于饲草及秸秆运输多用车辆，每车往往都载数吨，为方便、快捷、准确，饲草及秸秆还是用地磅为好。

在养羊中，为能正确了解饲养，育种水平，以及做好出售羊只按重论价，对羊只称重则是一项经常性工作。

进行羊只称重应所称羊只大小不同而所用的量具也有不同，对羔羊初生时称重可用弹簧秤，既准确又方便。而对其他羊就需要磅秤和称羊笼。

（十二）高床羊舍（漏缝地板）

高床养殖有利于羊舍清洁卫生，减少疾病发生。提高羔羊成活率达95%以上，是预防羔羊发病的最有效措施之一。

羊舍可建成双列式，羊床宜采用木条或竹条其他材料，木条宽5厘米，厚4厘米，木条间隙小羊 1.0~1.5 厘米，大羊 1.5~2.0 厘米，羊床距地面 80~100 厘米。羊床下地面坡度为 10° 左右，后接粪尿沟。

（十三）养羊机械

没有先进的养羊机械，就没有高效益的养羊业。尤其是以盈利为目的工厂化肉羊生产，更需要通过使用适宜的饲养机械，来提高劳动生产率，降低生产成本。

1. 粉碎机

粉碎机主要用于粗饲料和精饲料的粉碎。它是羊场必备的饲料加工设备。粉碎机底部安有筛片，通过筛片孔的大小控制饲料粒度的大小。粉碎玉米秸秆时，筛片的孔径可以稍大些，孔径 10~15 毫米，粉碎精料时孔径为 5~8 毫米。

2. 揉搓机

该机在加工过程中采用切揉为一体，加工出的饲料柔软均匀，没有硬结，羊只采食后利于消化吸收，同时节省采食时间，在制作青贮利于压实。该机秸秆干湿两用。

3. TMR 混合机

目前国内推广的全混合日粮饲喂技术，又称 TMR 饲喂技术。根据肉羊不同生理阶段或饲养阶段的营养需要，把切短的粗饲料、青贮饲料、精料以及各种饲料添加剂进行科学配比，经过 TMR 搅拌机充分混合后达到一定营养相对平衡的全价日粮，直接供给肉羊自由采食。

十八、工厂化肉羊生产日常管理

肉羊生产的日常管理有许多，这里归结有：一、标记耳号，二、生产育种资料整理，三、羔羊断尾，四、去势，五、剪羊毛，六、药浴，七、驱虫，八、修蹄，九、去角，十、抓羊及导羊，分述如后。

标记耳号	带耳号方法	为便于识别羊只和测定羊的生长发育及生产性能指标，进行选种选配和为日常管理提供更多便利，应按一定规则进行个体编号，是一项必不可少的基础工作。耳标用料和做法多种，以圆形塑料耳标为好。
		（1）将羊的品种、出生年份和个体编号用专用记号笔写在耳标上、一般公羊为单号，母羊为双号，每年从001号编起，不要逐年累计。也可用红、黄、兰三种不同颜色代表羊的等级。 （2）耳标应戴在左耳根软骨部，避开血管。为防感染化脓丢掉耳标，打孔钳及打孔部位进行严格消毒。 （3）若为羔羊戴耳标最好还是结合断奶鉴定进行。 （4）编号做法：第一位字母代表父亲品种，第二位字母代表母亲品种，第三位数字代表出生年份，采用年份最后个位数字，后加"0"与个体编号分开，第四位至六位数字为个体编号。如系双羔可在个体编号后加"—"标出2。 例如，某羔羊出生于2015年，双羔，其父为杜泊羊（D字母表示），母为乌珠穆沁羊（W字母标志），则羔羊完整耳标编号为DW50178—2。
生产育种资料整理	意义	羊有个体耳标编号，就可以有针对地做好记录。在生产和育种过程中各种记录资料是羊群的重要档案，尤其对于工厂化肉羊改良育种生产的记录资料更是必不可少的。要及时全面掌握和认识了解羊群存在的缺点及主要问题，进行个体鉴别、选种选配和后裔测验及系谱审查，合理安排配种、产羔、防疫驱虫，羊群的淘汰更新、羔羊育肥、补饲及饲草料消耗等日常管理，都要依据生产和繁殖记录，可见做好生产育种资料记录有多重要。 系统的记录是肉羊育种的基础，也是工厂化生产的依据。

生产育种资料整理	资料种类	生产育种资料记录种类较多，如种羊卡片、个体鉴定记录、羔羊生长发育记录、体重及产肉性能记录、羊群补饲草料消耗记录、羊群月变动记录和疾病防治记录等。不同性质的羊场、企业、不同羊群、不同生产目的记录资料不尽相同。生产育种记录必须精准、全面，及时整理分析。 有关记录表格附后。
羔羊断尾	重要提示	断尾可保持羊的被毛清洁，防止寄生虫病，有利于母羊配种。羔羊生后一周左右即可断尾，身体虚弱的或天气较冷，可适当延后。断尾最好在晴天早上进行，不要在阴雨天或傍晚进行。
	方法	（1）热断法。一人保定，一人用专用断尾钳，烧热距尾根4厘米处切下。切的速度不宜过快，否则止不住血。断尾后仍在出血，可用热钳再烫，然后用碘酒消毒。 （2）结扎法。用橡皮筋在第三、第四尾椎间紧紧扎住，断绝血液流通，下端的尾巴10天左右可自行脱落。
去势	重要提示	去势后，羊性情温顺，管理方便，节省饲料，肉的膻味小，凡不做种公用的公羔或公羊一律去势。 公羔生后2~3周去势为宜，如遇天冷或体弱的羔羊，可适当延迟。去势和断尾可同时也可以单独进行，最好在上午进行以便全天观察和护理去势羊。
	方法	（1）在阴囊下方用手术刀切一小口，将睾丸连同精索拉出，为防止出血过多最好用手拧断，不用刀或剪剪断。一侧的睾丸取出后，同法取出另一侧睾丸。睾丸摘除后，阴囊内撒20~30单位的青霉素，然后对伤口消毒。 （2）去势钳法，用专用去势钳在阴囊上部，用力将精索夹断后，睾丸会逐渐萎缩。 （3）结扎法：将睾丸挤进阴囊里，用橡皮筋紧紧结扎阴囊上部，断绝睾丸的血液流通，约15天，阴囊及睾丸自动脱落。
剪羊毛	重要提示	（1）剪毛应选择在晴朗的日子中进行，雨后不应立即剪毛，剪毛的具体时间依当地气候条件而定。我区春季剪毛多在5~6月，春季气候变化大，选天气较温暖且较稳定时进行，谨防寒潮来袭造成伤亡。

剪羊毛	重要提示	（2）先剪价值较低的羊，如羯羊、试情公羊、育成羊，后剪价值高的母羊和种公羊，使剪毛人员熟练技术，减少损失。 （3）患有皮肤病和外寄生虫病的羊最后剪，以免传染。
	方法	有机械剪毛和手工剪毛。 **1. 机械剪毛** 将羊保定侧卧，剪毛人蹲在羊的背后，从羊的后肋（软部）向前肋直线开剪，然后按此平行方向前腹部及胸部的毛，再剪前后腿毛，最后剪头部毛，一直将羊的半身毛剪至背中线，将羊轻翻另一侧，再用同样的方法剪去另一侧毛。最后检查全身，剪去遗留下的毛。 **2. 手工剪毛顺序方法同机械剪毛，只是剪毛工具不同**
	剪羊毛注意事项	（1）剪毛前12~24小时不补饲、不饮水，空腹剪毛较为安全，以防剪毛时翻转羊体引起肠扭转等事故。 （2）剪毛的动作要轻，要快，特别注意妊娠母羊，要格外小心，对妊娠后期母羊不剪为好，以防造成流产。 （3）剪刀（机械推子）放平，紧贴羊的皮肤，留茬0.3~0.5厘米，即使留茬过高也不重剪第二次，毛过短失去纺织价值。 （4）剪毛场地要干净，最好有席子等物铺羊身下，避免粪土草屑等混入毛被中。 （5）有序剪毛才能保持毛被完整（剪成套毛）以利羊毛分级，提高售价。 （6）剪毛时应做到毛茬整齐，不漏剪，不重剪，不剪伤，尤其注意不要剪伤母羊乳头及公羊阴茎和睾丸。 （7）剪毛时不要剪伤皮肤，一旦剪伤立即涂碘酊消毒。在发生破伤风疫病，每年要注意注射破伤风疫苗，以防发生破伤风。
药浴	重要提示	定期药浴是羊饲养管理的重要环节。在有病发生的地区，对羊要药浴一年要进行两次：一次是治疗性药浴，在春季剪毛后7~10天内进行；另一次是预防性药浴，在夏末秋初进行，每次药浴最好间隔7天重复一次。 目前国内外正在推广喷雾法，为保证药浴安全有效，应先用少量羊只进行试验，确认不会中毒时，再进行大批药浴。 药浴配药时要按照药物产品说明书进行配制。

药浴	方法及注意事项	（1）药浴应选择晴朗无大风天气，药浴前8小时停止放牧及喂料，浴前2~3小时给羊饮足水，以免药浴时吞饮药液。 （2）药液深度一般为70~80厘米，根据羊体高增减，以淹没全身为宜，水温30℃左右，药浴时间1~2分钟为宜。 （3）先药浴健康羊，后浴有皮肤病的羊。妊娠2个月以上的母羊不药浴，以免流产。 （4）药浴池出口处设有滴流台，羊在滴流台停留10分钟左右，使羊体药业滴流下来，流回药浴池。 （5）药浴中途应加1次药液，使其保持一定浓度和药液深度。 （6）工作人员手持带钩的木棒，在药池两边控制羊群前进，不让羊头进入药液中。但是当羊走近出口时，需将头按进药液内1~2次，以致头部也具有药浴效果。 （7）药浴结束羊离开滴流台，将羊收容在凉棚或舍内，避免日光照射，浴后6~8小时，可转入正常饲喂。 （8）妊娠2个月以上母羊不药浴，可在产后一次性皮下注射阿维速克长效注射液进行防治、安全、方便、疗效高、杀螨驱虫效果显著，保护期长达110天以上。也可用其他阿维菌素或伊维菌素药物防治。 （9）工作人员戴好口罩和橡胶手套以防中毒。 （10）药浴后的残液不可随意泼洒，防止污染环境和人畜中毒。 （11）药浴后当晚应派人值班，对出现个别中毒症状羊及时救治。
驱虫	重要提示	（1）羊的寄生虫病较常见，羊的寄生虫病是影响养羊生产的重大隐患，更主要的是给羊群带来不易被人们注意而非常严重的经济损失。感染内寄生虫的羊，轻则会使羊消瘦、发育受阻，繁殖及生产性能下降，重则可导致死亡。 （2）为了防止寄生虫的蔓延，每年春秋两季要进行预防性药物驱虫，内寄生虫传播严重地区，应加强驱虫次数。
	方法及注意事项	（1）母羊驱虫应在产后5天驱虫1次，隔15天再驱虫1次，年产两胎的羊驱虫4次。羔羊在1月龄驱虫1次，隔15天再驱1次。 （2）应用药物驱虫时，为保险起见，最好先选一小部症状明显的病羊进行试验，观察药物的安全程度及效果，然后大面积使用。

驱虫	方法及注意事项	（3）使用药物一定要遵照说明书使用，进行驱虫。 （4）驱虫后2~3天内要安置羊群在指定的隔离舍内，此后可转到原舍内。 （5）为防止寄生虫病的发生和传播，平时应加强对羊群的饲养管理。注意草料卫生、饮水清洁、避免在低洼或有死水的牧地放牧。同时，结合改善牧地排水，用化学及生物学方法消灭中间寄主。 多数寄生虫而随粪便排出，因此对粪便要发酵处理。
修蹄	意义	种公羊和繁殖母羊需要放牧运动，因此，对蹄的保护十分重要，特别是舍饲羊群，运动游走较少，蹄甲的生长速度大于磨损速度，所以必须修蹄。 每天春季至少修蹄1次，或根据具体情况随时修蹄，以免造成蹄甲变形，影响放牧运动或蹄感染影响健康。种公羊影响采精爬跨。
	方法	（1）修蹄一般宜在雨后进行，或在修蹄前先在较潮湿的地带放牧，使蹄甲变软，以利修剪。 （2）修蹄时让羊坐在地上，羊背靠近修蹄人的两腿之间。清除蹄底污物，从前蹄开始用修剪或快刀将过长的蹄尖剪掉。 （3）然后将蹄底边缘周围蹄角质修整得与蹄底接近平齐，并且把蹄子修成椭圆形，不可修得过度。如果修剪过渡造成出血，可涂碘酊消毒，若出血不止，可用烙铁烧烫止血，以免损伤蹄肉造成流血或感染。动作要快。 （4）变形的蹄甲必须每隔十几天，连续修蹄2~3次，可以矫正蹄形。 （5）为避免发生蹄病，平时应注意保持圈舍及运动场所干燥通风，勤打扫，勤垫圈舍。 （6）如发现蹄趾间，蹄底或蹄冠部皮肤红肿、跛行甚至分泌臭味黏液，应及时检查治疗。轻者可用10%硫酸铜溶液或10%甲醛溶液洗蹄1~2分钟，用2%来苏儿溶液洗净蹄部并涂以碘酊。
去角	重要提示	肉羊公母羊一般均有角，有角羊不仅在角斗时易引起伤损而且饲养管理都不便，少数性情恶劣的公羊，还会攻击饲养员，造成人身伤害。因此，采用人工方法去角十分重要。

	重要提示	有角的羔羊出生后，角蕾部是漩涡状，触摸时有一较硬的凸起。
		羔羊一般在生后 7~10 天去角，对羊的损伤较小。人工哺乳的羔羊，最好在学会吃奶后进行。
去角	方法	去角时，先将角蕾部分的毛剪掉，剪的面积稍大些，直径约 3 厘米，去角的方法有以下两种。
		（1）烧烙法。将烙铁在火中烧到红后（也可用 500 瓦左右的电烙铁）对保定好的羔羊的角基部进行烧烙，烧烙的次数可多一些，但每次的烧时间不能超过 1 秒钟，当表层皮肤破坏，并伤及角质组织后可结束，对术部碘酊消毒。
		（2）化学去角法。用棒状苛性碱（氢氧化钠）在角基部摩擦，破坏其皮肤和角质组织。摩擦面积稍大于角基部，术前应在角质基部周围涂抹一圈医用凡士林，防止碱液损伤其他部分皮肤。
		操作时先重后轻，将皮肤擦至有血液出即可。术后将羔羊后肢适当捆住（松紧程度以羊能站立和缓慢行走即可），以防后蹄弹到术部。去角后术部撒上少许消炎粉。
		哺乳羔羊应与母羊隔离半天，特别注意，哺乳时也应尽量避免将碱液污染母羊乳房上造成损伤。
抓羊与导羊		在肉羊生产过程中，为适应像羊群周转、个体鉴定、试情、配种、防疫与各项工作的需要，经常抓羊、导羊前进保定，因此抓羊，导羊前进是一项经常的管理工作。
		首先把羊围堵到羊舍一角较小范围内，以防羊只受惊乱窜。瞅准要抓的羊，动作要轻快敏捷，以出其不意方式迅速抓住羊的后肋或后肢即可。
		对于怀孕母羊，要尽量不抓或少抓。当非抓不可时，要特别注意避免发生拥挤和狂奔，以免发生流产。
		当羊群鉴定或分群时，必须把羊引导到指定的地点。羊的性情很倔强，不能抓住羊头或犄角使劲拉拽，人越使劲，羊越往后退。正确的方法是：用一只手扶在羊的颈下，以便左右方向，另一只手把羊尾根处，为羊搔摸，羊即顺从前进。

十九、工厂化肉羊生产管理要点

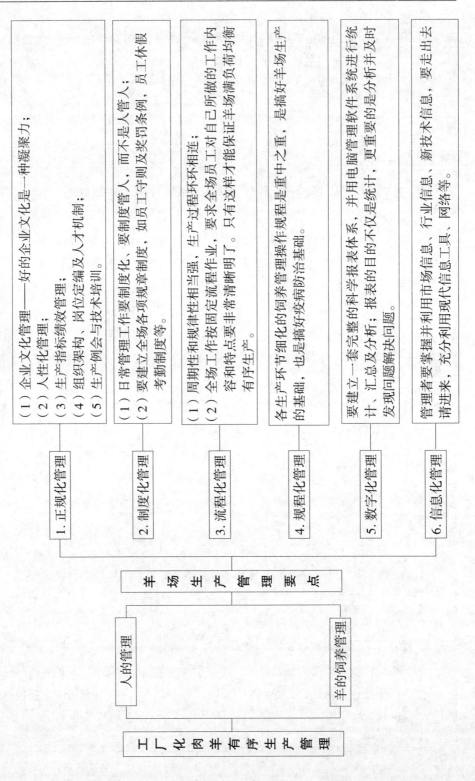

1. 正规化管理

（1）企业文化管理——好的企业文化是一种凝聚力；
（2）人性化管理；
（3）生产指标绩效管理；
（4）组织架构、岗位定编及人才机制；
（5）生产例会与技术培训。

2. 制度化管理

（1）日常管理工作要制度化，要制度管人，而不是人管人；
（2）要建立全场各项规章制度，如员工守则及奖罚条例，员工休假考勤制度等。

3. 流程化管理

（1）周期性和规律性相当强，生产过程环环相连；
（2）全场工作按固定流程作业，要求全场员工对自己所做的工作内容和特点要非常清晰明了。只有这样才能保证羊场满负荷均衡有序生产。

4. 规程化管理

各生产环节细化的饲养管理操作规程是重中之重，是搞好羊场生产的基础，也是搞好疫病防治基础。

5. 数字化管理

要建立一套完整的科学报表体系，并用电脑管理软件系统进行统计、汇总及分析；报表的目的不仅是统计，更重要的是分析并及时发现问题解决问题。

6. 信息化管理

管理者要掌握并利用市场信息、行业信息、新技术信息，要走出去请进来，充分利用现代信息工具、网络等。

羊 场 生 产 管 理 要 点

人 的 管 理　　　　　　羊 的 饲 养 管 理

工 厂 化 肉 羊 有 序 生 产 管 理

二十、种公羊舍饲管操作规程

<table>
<tr>
<td rowspan="4">重要提示</td>
<td>（1）在养羊业中加强繁殖育种力度是提高羊群生产力的重要途径，肉羊生产更是如此。优秀的种公羊可以有效改良羊群品质，种公羊的数量虽然少，但在改良过程中起的作用却很重要，它对提高羊群的品质、外形、生产性能和繁育育种关系都很大，俗话说"公羊好好一坡，母羊好好一窝"说的就是种公羊的重要性，所以在生产实践中种公羊的科学饲养管理就显得尤为重要，因为既是优良品种的种公羊，如果饲养管理跟不上，也不能很好地发挥其利用价值。</td>
</tr>
<tr>
<td>（2）种公羊数量少，但种用价值高，对后代影响大，因此，对种公羊的饲养管理要求比较精细。</td>
</tr>
<tr>
<td>（3）种公羊应常年保持强壮体况，营养良好而不过肥，这样才能在配种期性欲旺盛，精液品质良好，保证种公羊的高利用率。</td>
</tr>
<tr>
<td>（4）种公羊的饲料要求营养价值全面，有足量的蛋白质、维生素和矿物质，且适口性好，易消化。配种任务繁殖的优秀公羊可补饲动物性蛋白。</td>
</tr>
<tr>
<td rowspan="4">环境要求</td>
<td>（1）环境要求安静，远离母羊舍，以减少公母羊之间的干扰。舍栏材料要坚固，有的种公羊力量较大，如闻到母羊发情气味，则会跳栏，造成胡交乱配。</td>
</tr>
<tr>
<td>（2）种公羊应单独饲养，以免互相爬跨和顶撞。专人饲养管理以便熟悉其特性。建立条件反射和增进人畜感情。</td>
</tr>
<tr>
<td>（3）环境高温潮湿对精液品质产生不良影响。种公羊爬卧的地面不能潮湿，要经常更换松软的干垫草。</td>
</tr>
<tr>
<td>（4）为提高性欲和防止精子热伤害而不能使用。夏季酷暑炎热，以防暑降温为主，冬春寒冷之季注意保温，饮水应给温水。</td>
</tr>
<tr>
<td rowspan="2">非配种期的饲管</td>
<td>（1）种公羊在非配种期，虽没有配种任务，但仍不能忽视饲养管理。因为它直接关系到种公羊全年的体况膘情。以及配种期的配种能力和精液品质。</td>
</tr>
<tr>
<td>（2）保证饲料的多样性，精粗料搭配合理，除供应足够的热能外，还应注意足够的蛋白质，维生素和矿物质的补充。</td>
</tr>
</table>

非配种期的饲管	蛋白质能影响种公羊的性机能，蛋白质供给不足会使种公羊的生殖器官发育迟缓，生精机能下降，因此饲料中应含有适量蛋白质。 矿物质缺乏会使精子不全，活力下降，因此在饲料中增加贝壳粉，碳酸氢钙等矿物饲料，钙磷比例为2∶1。 维生素缺乏会降低种公羊性欲。可增加青绿饲料来提高维生素的含量。枯草期可以在饲料中投入复合维生素添加剂。 （3）必须有适度的运动时间，以提高精子活力，并防止过肥。 （4）每天每只供给混合精料0.5~0.7千克、青贮2.0千克、胡萝卜0.5千克、盐5克、骨粉5克、并满足优质干草供给。
配种期的饲管	种公羊进入配种期又分为配种预备期（配种前1.0~1.5个月）和配种期两个阶段。 **配种预备期：** （1）在配种前种公羊应做一次体检，检查健康状况，选留体格健壮膘情好的做种公羊。检查是否有寄生虫，若有可用丙硫苯咪唑体内驱虫。 （2）检查种公羊蹄形，其意义在于一是有助采精操作，二是反映显示种公羊缺钙否。蹄畸形是种公羊缺钙的表现。如把缺钙的公羊做种用，那么后代也就先天缺钙。因此在预备期就应补充钙、维生素和微量元素，以达到配种要求。 （3）预备期应逐渐调整种公羊的日粮，主要是增加混合饲料的比例，精粗比为3∶7或者4∶6。饲喂量按配种期精料喂量60%~70%，并逐渐增加到配种期的喂量。 （4）搞好饲喂的同时要逐渐对种公羊进行采精训练、精液品质检查一般在10月龄开始调教。调教时地面要平坦，不能坑洼不平，也不可太滑。 （5）10月龄开始调教采精，每周1次，以后逐渐增加到每一周2次，再后2天1次。做好精液检查并记录。根据精液品质和性欲情况，调整饲料配方和饲喂量。 （6）体重达到60千克应及时训练配种能力。预测配种能力，并做好其他配种前的准备工作。

配种期的饲管	**配种期：** （1）随着预备期的结束种公羊进入配种期，这时种公羊处于神经兴奋状态，经常神心不定，不安心采食，这个时期的管理要特别精心，要少喂勤添，多次饲喂。在整个配种期内种公羊的饲养保持相对高的饲养水平，日粮中蛋白质含量应达到16%~18%。日供给混合精料1.2~1.4千克。苜蓿干草2千克、胡萝卜0.5~1.5千克、分2~3次饲喂。配种繁殖时混合精料饲喂量调到1.5~2.0千克，增加鸡蛋2~3枚。混合精料组成：玉米54%、豆粕12%、麻饼14%、麸皮15%、盐2%、碳酸氢钙2%、预混料1%。 （2）配种期种公羊的饲养管理要做到认真、细致、要经常观察羊的采食、饮水、运动及排泄情况。发现异常做好记录并告知技术室，采取对应措施。 （3）工厂化养羊种公羊一年四季都处于配种与非配种交替轮回中，所以在不同季节采精，应依季节变化在饲喂上稍做些调整。 春季枯草季节饲草料的供应上，注意补充维生素，可适当增加一些苜蓿干草、胡萝卜、青贮等富含维生素的饲料。 夏季青草旺盛维生素充足，但青草的水分含量较高，在饲喂前青草晾晒一阵再喂，可防止公羊由于吃青草过多而肚腹过大影响采精，管理上注意防暑降温，防止热伤害。 秋季是自然生理阶段性欲旺盛期，应多喂些优质牧草，注意蛋白质的补充。 冬季长时间低温对种公羊的生长发育不利，在冬季多补充能量饲料、饮温水。在保证舍温在0℃以上，尽量多通风，勤换垫料。冰雪天不宜出去运动，防止冻伤睾丸。 （4）种公羊开配时间的确定，公羊配种过早影响自身发育，过晚又会增加饲养成本。应在性成熟结合体成熟开始配种为宜。公羊性成熟6~10月龄，初配羊龄12~15月龄，不同品种略有差别，种公羊利用年限6~8年。 要合理安排日采精次数和连续利用时间。1.5岁公羊日采精不宜超过2次；2.5岁公羊可日采3~4次（视精液检查而定），每周休息一天。公羊采精前不宜吃的过饱。 （5）种公羊每天要加强运动。通过运动增强种公羊的体质和提高性欲，提高精液品质。每天运动时间保证4~6小时。防止增膘过肥。

配种期的饲管	（6）在配种期种公羊性欲旺盛性情急躁，在采精时注意安全。 （7）种公羊的性欲、生精机能及精液品质与气温光线，营养等因素密切相关，因此，除饲喂因素外，随季节性的差异管理必须随之调整。 （8）对精液密度和精子活力不达标的公羊，要增加动物性蛋白质和胡萝卜的喂量，并增加运动量。
配种后恢复期的饲管	（1）在经历了一段时间的配种后，往往出现种公羊体重减轻的现象。所以在配种结束后的一段时间内不可放松对种公羊的饲养管理。这一阶段的主要任务是恢复体况。 （2）在配种刚结束的一个月内，日粮仍与配种期相同，以后逐渐减少饲喂量，饲料中的蛋白质也要适当降低。 （3）经过一个月的恢复期，使种公羊的膘情恢复到配种前的体况，此后按非配种期饲养管理进行。 （4）有放牧条件的地方可以放牧为主，适当补饲一定精料和优质干草，加强公羊运动，使公羊体质得到较好锻炼。
后备种公羊的培育	（1）小公羊的选择外貌符合本品种特征，精神旺盛，体质强壮的公羊做种公羊，再进一步对被选择的公羊进行系谱鉴定。祖先有遗传性疾病和近交的个体不能留作种用。 （2）小公羊的选择也可从娃娃抓起，从断奶开始，以后6月龄、12月龄、18月龄进行检查生长发育状况。也是一种留多选精的做法。 （3）仔细进行生殖器官检查。对小睾丸、单睾丸、隐睾丸、附睾不明显，短阴茎、包皮偏后，公羊母像等都不可取。8月龄无精或死精的要淘汰。 （4）坚持运动每天至少运动2~3小时，每天刷试一次，定期修蹄每季1次。耐心调教和谐对待，驯养为主，防止恶癖。 （5）10月龄质适量采精，但采精初期不超过2次/周，经过前期采精培训到一周岁可正是投入采精配种（经精液检查决定）。每周采精4次左右。若饲养条件好、体质好，每周采精可适当增加。
试情公羊的饲管	（1）试情公羊用来测试辨别母羊是否发情。一般使用非配种公羊做试情公羊。选择身体强壮性欲旺盛的状龄公羊做试情公羊。 （2）饲养管理参照种公羊非配种期，保持性欲旺盛为重点。

试情公羊的饲管	（3）试情前将试情公羊腹部系上试情布，兜住生殖器官，放入待配母羊群中，试情公羊凭嗅觉找到发情母羊，追逐爬跨。母羊不拒绝爬跨，说明母羊正处发情期，及时输精。试情一般在早晚进行。
日常管理	（1）注意日常舍内清洁干燥，通风良好，定期消毒，消毒前必须清扫干净。 （2）不喂发霉的饲草料，及时清理料槽和水槽。夏季要随时检查吃剩下的饲料有无变质，如有霉味应及时处理。 （3）为保证种公羊的健康，还要做好一定预防工作，定期体检和预防接种，做好体内外寄生虫的防治工作。

二十一、肉羊人工授精操作规程

人工授精是一项实用的生物技术，它借助器械，以人为的方法采集种公羊的精液，经过精液品质检验和一系列处理后，再用器械将精液输入到发情母羊生殖器内，以达到母羊受精、妊娠的目的。此法的优点是大大提高了优秀公羊的利用率，节省了大量种公羊的饲养费用，加速羊群的遗传改良进程，并可防止疾病的传播。

人工授精与同期发情结合是工厂化肉羊生产的一项基础工作。是工厂化生产流水线上的第一道工序，是决定整个生产效益的重要环节。因此必须严谨，按操作规程执行。

为扩大优良种公羊精液的利用率和远程输精，目前采用精液的稀释保存的方法大致可分两类。

鲜精或稀释	（1）鲜精以 1：（2~4）低倍稀释，一只公羊一年可配母羊 500~1 000 只，比公羊本交提高 10~20 倍。 将采出的精液不稀释或低倍稀释，立即就近给母羊输精。 （2）精液 1：（20~50）高倍稀释，一只公羊一年所采精液可配母羊 10 000 只以上，比本交提高 200 倍以上。
冷冻精液	把公羊精液常年冷冻贮存起来，制成颗粒或细管冷冻精液，一只公羊一年所产的精液可冷冻 1 万 ~2 万粒颗粒。可配母羊 2 500~50 000 只。此法可远程输精之用，但受胎率低（30%~40%），成本高。

（一）采精前的准备

采精前种公羊的准备	种公羊的选择	选择优秀主配公羊，确定配种方案，种公羊应选择个体等级优秀，符合本品种特性，符合种用要求，年龄 2~5 岁，体质健壮，睾丸发育良好，性欲旺盛的种公羊。 精子活力在 0.8 以上，无畸形精子，正常射精量为 0.8~1.2 毫升，密度中等以上。

采精前种公羊的准备	种公羊的管理	（1）放牧饲养时要选择责任心强的放牧员放牧，每天放牧距离不少于5千米。 种公羊要单独饲养、圈舍宽敞、清洁干燥、阳光充足、远离母羊舍。 饲料应多样化，保证青绿饲料和蛋白质饲料的供给，配种期每天供给2~3个新鲜鸡蛋（带壳喂给）。 （2）种公羊在配种准备期内，应连续采精20次左右，在配种前做到每天采精1次，以达到排除陈精之目的，并为配种期高频采精做好准备。 （3）配种期间公羊采精次数根据公羊的年龄、体况、种用价值和实际需要确定。成年公羊每天可采精2~4次，连采3~5天休息一天。 （4）注意不可连续高频采精。精液品质检查发现未成熟精子、精子尾部近头端有未脱落细源生滴、种公羊性欲下降等，都说明公羊采精过渡。这时应立即减少或停止采精，加以调整。
	种公羊采精调教	有些初次配种的种公羊，采精时可能困难，此时可采取以下方法进行调教。 （1）观摩诱导法。即在其他公羊配种或采精时，让被调教公羊站在一旁观看，然后诱导他爬跨。 （2）睾丸按摩法。在调教期每天按摩睾丸10~15分钟，经几天则会提高公羊性欲。 （3）发情母羊刺激法。用发情母羊做台羊，将发情母羊阴道黏液涂在公羊鼻端，刺激公羊性欲。 （4）药物刺激。对性欲差的公羊，隔日注射丙酸睾丸素1~2毫升，连续注射3次，可提高公羊性欲。
	器械与器材的消毒	凡供采精、检验、输精及与精液接触的器械和用具，均应清洗干净，再进行消毒。尤其是对新购的器械应细心擦去上面的油质，除去一切积垢。器械和用具的洗涤，应用2%~3%的热小苏打水或洗涤剂，洗涤时可用试管刷，手刷或纱布。经过上述方法洗净的器械用具还要进一步消毒，一般常用的有蒸煮消毒、酒精擦洗消毒、火焰烧灼、高压锅或干燥箱灭菌消毒。

器械与器材的消毒	① 玻璃器皿包括采精杯、玻璃注射器、玻璃棒、烧杯、试管、吸管、存放稀释液和生理盐水等玻璃器皿用高压蒸煮或干燥消毒 15~20 分钟，临用前再用生理盐水冲洗数次。在操作过程中循环使用的集精杯、输精器等器械可用生理盐水冲洗 2~3 次后继续使用，不能与酒精接触。 ② 假阴道内胎用 2%~3% 的小苏打或洗洁精洗涤后，再用温开水冲洗数次（尤其把内胎上的凡士林及污垢洗干净）后用消毒纱布擦干，再用 75% 的酒精棉消毒，待残留酒精挥发后，使用前用生理盐水冲洗 2 次，再用稀释液冲洗数次，即可使用。 ③ 金属器械的消毒——洗净的开腔器高压蒸煮 15~20 分钟消毒，连续使用可用 75% 酒精棉擦干净，火焰均匀加热烧均 3 分钟，降温后用生理盐水冲洗 2 次，再用稀释液冲洗一遍。 ④ 润滑剂的消毒——将装有凡士林的容器高压锅消毒或水溶锅煮沸 20 分钟消毒。 ⑤ 其他用品的消毒——纱布、毛巾等凡是人工授精接触到的物品都要经高压蒸煮消毒后才可使用。
假阴道安装	（1）假阴道安装操作者必须洗净双手并酒精擦拭消毒，无菌生理盐水冲去残留酒精、再操作。 检查消毒过的内胎有无损坏和沙眼。安装时先将内胎装入外筒，并使其光面朝内，而且要求两头等长，然后将内胎一端翻套在外壳上，依同法套好另一端，此时注意勿使内胎扭转，并使松紧适度，在两端分别用胶圈固定。 用长柄镊子夹上 75% 酒精棉球，从内向外旋转，勿留空间，待酒精挥发后，用生理盐水冲洗。 （2）灌注温水。左手握住假阴道的中部，右手用量杯从注水孔中注入 150 毫升左右的 50~55℃ 温水（约为内外壳中间容量的 1/2），最后装上带活塞的气嘴，并将活塞关好。 （3）涂抹润滑剂。用消毒玻璃棒取少许凡士林，由内向外均匀涂抹一薄层。涂抹深度内腔前 1/3。用专用润滑剂必须是无菌的，也可用生理盐水或稀释液做润滑剂。 （4）调试温度和压力。从气嘴吹气加压，使阴道采精口形成三角形，并拧好气嘴。

假阴道安装	最后把消毒好的温度计插入假阴道检测温度。以采精时达到 39~42℃ 为宜（青年羊不要超过 39℃），若过高过低时，可用热水或冷水调节。 （5）假阴道安装就绪，将消毒冲洗后的双层玻璃集精杯插入假阴道一端。 当环境温度低于 18℃ 时，在采精杯双层玻璃内灌入 40℃ 左右的温水，使采精杯内温度保持 30℃ 左右。 （6）有条件处在安装好假阴道后，将其放置在恒温箱内，维持 40~42℃，随用随取，可有效地防止精子遭受冷打击。寒冷季节采精时尤其要注意这一点，甚至在采精杯外再套上一个保温套，取得双重保护。寒冷季节所采精液品种下降的原因之一就是保温不当造成的。
台羊与诱情	采精用的台羊一般为发情母羊，后躯应擦干净，头部夹在采精架中。调教好的公羊可用假台羊来采精。 把公羊牵到采精现场，用干净毛巾或湿纸巾擦洗公羊阴茎周围，并剪去多余的长毛。不要让其立即爬跨台羊，应控制几分钟，并让公羊反复挑逗台羊，使公羊的兴奋不断增加，待阴茎充分勃起并伸出时，再让公羊爬跨。

（二）采精

采精操作	（1）操作时将发情母羊或台羊保定确实，牵引公羊接近台羊，用发情母羊发出的信息刺激公羊，但必须防止交配。 （2）采精员站在台羊的右后方，右手横握假阴道，气卡塞向下，使假阴道前低后高，与地面水平线呈 35°~40° 紧靠台羊臀部。 （3）当公羊爬跨阴茎伸出时，迅速将假阴道口对准公羊阴茎，保持方向一致，同时左手托住公羊阴茎外包皮将阴茎导入假阴道内。但不可用手触及阴茎，以免采精失效或形成公羊恶癖。要尽量使假阴道与阴茎保持直线，不能向下弯曲。 （4）公羊向前猛力冲动并弓腰，则完成射精。全过程只有几秒钟。 （5）公羊射精后随着公羊从台羊身上滑下时，顺势将假阴道向下向后移动取下，并立即倒转垂直竖立，集精杯一端向下拿到操作室。先放掉假阴道内的气，取下采精杯送往处理室做精液品质检查。

采精操作	集精杯及盛有精液的器皿必须避免太阳光直射，注意保持18℃以上的温度。 （6）集精杯取下后，将假阴道夹层内的水放出。如继续使用，按照上述方法将内胎洗刷，消毒冲洗。若不继续使用将内胎上残留的精液用洗洁净洗去，反复冲洗，消毒干燥后备用。
采精注意事项	（1）采精时间、地点及采精员要固定，有利于公羊养成良好的条件反射。 （2）采精次数要合理，公羊每天可采1~2次，任务重可采3~4次。二次采精应间隔休息两小时，方可进行再次采精。 （3）为增加公羊射精量，不应让公羊立即爬跨射精，应让公羊靠近数分钟后再爬跨以刺激公羊性兴奋，要一次爬跨及能采到精液。多次爬跨虽增加采精量，但实际精子数量不多，容易造成公羊不良条件反射。 （4）保持采精现场安静，避免影响公羊性欲。注意保持假阴道温度。 （5）采精时采精员必须高度集中，做到稳、准、快。

（三）精液品质检查

精液品质检查的目的在于评定精液品质优劣，以便决定是否用于输精，同时也为确定精液稀释倍数提供科学依据。

精液质量评定标准，精液为乳白色，无味或略带腥味，精活力在0.6以上，密度在中等（精子数在20亿/毫升）以上，畸形精子不超过20%，该羊精液判为优质精液。以上几项质量标准任何一项不达标者定为劣质精液，不能用于输精。

精液品质检查初步是肉眼外观检查，进一步是显微镜检查。

外观检查	（1）颜色。正常精液一般为乳白色或浅黄色，其他颜色均为异常。一律不可输精，如颜色呈淡红色，表明混入血液，有可能采精时误伤阴茎所致。精液发黄发绿，可能混入尿液或脓液。精液灰色或棕色，表生殖道内有可能被污染或混入某些污染物体。 （2）射精量。用有刻度的集精杯或输精器测定。公羊一次射精量平均为1毫升（0.5~1.5毫升）。测定公羊射精量应以一定时期内多次射精量的平均值为准。射精量变动异常时，应检查采精技术，调整采精频率。

外观检查	（3）气味。正常的精液一般无特殊气味或仅有精液特有的腥味，如有异常气味，不能用于输精。 （4）云雾状。用肉眼观察采积的精液，可以看到由于精子活动引起的翻腾滚动，极似云雾的状态，由云雾明显程度可以判断精子活力的强弱和密度的大小。
显微镜检查	精液品质镜检要求迅速准备，操作室内，要求清洁，室温保持 18~25℃，镜检箱内温度控制在 38℃左右。 　　一般用 200~600 倍的显微镜检查精子的活力和密度。 　　（1）精子活力。指精液中直线前进运动精子的百分数，是评定精液品质的重要指标。10% 是直线前进的为 0.1，20% 是直线前进的为 0.2，依此类推，1 分为满分，80% 以上呈直线前进（0.8）的可用于输精。 　　（2）密度检查。一般采用目测法，适合基层配种站使用。为了合理稀释精液，在配种前要用血球计数器来测定精子密度。精子的密度是指在一定单位体积（如 1 毫升）内含有的精子数目，优质精液的精子密度应为 20 亿~30 亿个 / 毫升。公羊精子的密度分密、中、稀 3 级，25 亿个 / 毫升以上为"密"，20 亿~25 亿个 / 毫升为"中"，20 亿个 / 毫升以下为"稀"。 　　显微镜下观察，精子遍布全视野，相互间的空隙小于 1 个精子长度，看不到单个精子活动情况为"密"；精子与精子间的间隙相当于 1~2 个精子的长度，能看到单个精子活动为"中"。 　　精子与精子间空隙超过 2 个精子长度，视野中只有少数精子为"稀"密度在中等以上的才能用于输精。 　　检查精子密度还是以血球计数和光电比色较为准确。 　　①计数法—采用红细胞计数器按红细胞计数方法计数精子数目，这一方法比较准确。操作步骤如下。 　　第一步，混匀精液，用红细胞吸管吸取精液至刻度 0.5（稀释 200 倍）或 0.1（稀释 100 倍）处；继续吸入 3% 氯化钠溶液至刻度处，注意吸管内不能出现气泡，吸完擦净吸管尖端。用拇指和食指按住吸管两端，上下翻转几次，使精液与氯化钠溶液充分混合。 　　第二步，检查前弃去吸管前端 4~5 滴稀释精液。 　　第三步，计数时盖上盖玻片，吸管尖端空隙边缘滴下精液，顺盖玻片下面流入计算室，注意避免生成小气泡。

显微镜检查	第四步，将显微镜调整到400~600倍，全视野覆盖计算室上1个大方格的刻度线。计算室共有25个大方格，计数的5个大方格取上、下、左、右、中各1个，即第一、第五、第十三、第二十一、第二十五大方格。 第五步，记下5个方格内精子数。计数时遇到压线精子只计入头部压线的。其次，4条边只计数上、左两边压线的精子。 第六步，将与大格内精子总数乘以1 000万，即求得1毫升精液的精子密度。为减少误差，取2次样品计数平均值。 ②比色法。光电比色计数法是目前比较准确、快捷评定精子密度的一种方法。此法根据精子越多，精液越浓，其透光率越低的特点，使用光电比色计通过发射光和透光程度来测定精子的密度。 （3）精子畸形率测定。精液中形态不正常的精子称为畸形精子，是指精液中畸形精子占总精子的百分比，用百分数来表示。畸形率高，则受胎能力降低。形态检查一般1周内对同一头种公羊做一次染色体检查，其他时间可根据经验直观估测。 畸形精子大体可分为以下三类。 一是头部畸形：顶体异常、头部瘦小、细长、缺损双头等。 二是颈部畸形：膨大、纤细、带有源生滴、双颈等。 三是尾部畸形：纤细、弯曲、带有源生滴等。 精子的畸形率通常采用显微镜染色检查。载玻片放在400倍的显微镜下观察，其记录若干个视野200个左右的精子。计算精子的畸形率。 羊新鲜精液畸形率≤15%，冷冻精液解冻后畸形率≤20%，才能用于人工授精。

（四）精液的稀释及处理

绵羊的射精量少（0.5~1.5毫升），精子密度大（15亿~30亿个/毫升），每次输入有效精子数多少取决于输精方法和部位。

为扩大精液容量，增加母羊受精头数，提高公羊利用率；延长精子的保存时间及受胎能力，便于精液的运输，使精液得以充分利用。所以对原精液要加入适宜于精子存活的弱酸性稀释液。

精液稀释倍数的确定	精液稀释倍数是由原精液的质量（主要是活力和密度）和每次输精所需精子数决定。 输精要求：精液稀释后，直接进行人工授精，每次输精的有效精子数，不能低于 0.5 亿个，输精前精子活力不能低于 0.7，输精量为 0.5~1 毫升。 在生产实际中，大多数以需要加入的稀释液量直接计算。 需输精头份 = 原精液密度 × 输精要求活力 × 原精液量 ÷ 每份有效精子数。 需加稀释液的量 = 需输精头份 × 每头份精液量（毫升）- 原精液量（毫升） 还有较为简捷的方式是依据具体情况而定，如需输精母羊较少，一般稀释 1~4 倍。但也必须遵循上述的"输精要求"。
稀释方法及注意事项	（1）采精后原精液经检查后，立即进行稀释，从采精到稀释不应超过 30 分钟。 （2）稀释时，稀释液的温度和精液的温度必须保持一致，以 30~35℃为宜；室温保持 20~25℃无菌条件下操作。 （3）稀释时，用量杯取应加稀释液的量，沿精液瓶壁缓慢加入到精液中。为使混合均匀可反复倒动 2~3 次，但不可大幅度摇动，以防振荡有损精子。 （4）精液稀释后再进行一次检查精液品质，活力要求在 0.7 以上，精子数不少于 7 亿 / 毫升。 （5）若高倍稀释，应先低倍到高倍，分为逐渐稀释。
稀释液的配制	稀释液的选择应是易于抑制精子活动，减少能量消耗，延长精子寿命的弱酸性的稀释液。 （1）精液低倍稀释法。此法适用于短时间内就近输精的精液处理，不需降温保存。 配方一：生理盐水稀释液——用注射的生理盐水或经过过滤无菌消毒的 0.9% 氯化钠溶液作稀释液。此种稀释液简单易行。稀释后的精液应马上使用，是目前生产实践中最为常用的稀释液，但此方稀释倍数不可超过 2 倍。

稀释液的配制	配方二：乳汁稀释液，用新鲜牛奶或羊奶，先用 4~5 层无菌纱布过滤，再煮沸 10~15 分钟，降至室温，去掉表面脂肪即可使用。此方效果较好，但稀释倍数不可太高，以 3 倍为宜。 （2）精液高倍稀释。可选用以下两种稀释液进行稀释。 稀释液——葡萄糖 3 克，柠檬酸钠 1.4 克 EDTA（乙二胺四乙酸二钠）0.4 克，加蒸馏水至 100 毫升，溶解后煮沸消毒 20 分钟，冷却后加青霉素 10 单位，链霉素 0.1 克。若再加 10~20 毫升卵黄，可延长精子存活时间。 稀释液二：葡萄糖 3.0 克，乳糖 2.0 克，EDTA 0.7 克，柠檬酸钠 0.3 克，三羟甲基氨基甲烷 0.05 克，蒸馏水 100 毫升，溶解后煮沸消毒 20 分钟，冷却后加庆大霉素 1 万单位，卵黄 5 毫升。
精液分装和保存	为扩大优秀种公羊的利用效率、利用时间、利用范围，需要有效地保存精液，延长精子的存活时间。为此必须降低精子的代谢，减少能量消耗。 分装——根据各输精点的需要量分别分装小瓶中保存，即把高倍稀释精液，按需要量（数个输精剂量）装入小瓶盖好盖用蜡封口，裹纱布，套上塑料袋，放在装有冰块的保温瓶（或保存箱）中保存，保存温度为 0~5℃。有冰箱放入冷藏中更好。 另一种保存法是用塑料管中保存，在精液以 1：40 倍稀释时，以 0.5 毫升为一个输精剂量，注入饮料吸管内（剪成 20 厘米长、紫外线消毒）两端用塑料封口机封口。多根管集中塑料袋包好放入冰箱冷藏。保持温度为 4~7℃，精液保存 10 小时使用。无论哪种包装精液必须固定好，尽可能减少振动。 保存方法如下。 （1）常温保存。精液稀释后，保存在 20℃以下室温环境中，在这种条件下，精子的运动明显减弱，可在一定限度内延长精子存活时间。在常温下能保存一天。 （2）低温保存。在常温基础上，进一步缓慢降低至 0~5℃之间。在这个温度下，物质代谢和能量代谢下降到极低水平，营养物质的损耗和代谢产物的积累缓慢，精子运动完全消失。可用直接降温法，将精液装入到小试管内，外面包以棉花，再装入塑料袋直接放有冰块的保温瓶中，使温度逐渐降至 2~4℃。低温保存的有效时间为 2~3 天。

精液分装和保存	（3）冷冻保存。家畜精液冷冻保存，是人工授精技术的一项重大革新，可长期保存精液。牛、马精液冷冻已取得了令人满意效果。羊的精子不耐冷冻，冷冻精液受胎率较低，一般发情期受胎率40%~50%，少数试验结果达到70%。 冷冻精液保存过程为：稀释、平衡、冷冻、解冻。 冷冻方法可分为：安瓿冷冻、颗粒冷冻和细管冷冻。 精液的冷冻保存要求技术、环境和设备条件、操作过程也比较复杂，这里不加详述。

（五）输精

输精是人工授精的最后一道技术环节。适时而准确地把一定量的优质精液输到发情母羊的子宫颈口内，这是保证母羊受胎产羔的关键。

输精前的准备	（1）输精器材的准备。输精前所有器材都要消毒灭菌，对于输精器及开腔器最好蒸煮或在高温干燥箱内消毒。输精器以每只母羊准备一支为宜。当输精器不足时，可将每次用后的输精器先用蒸馏水棉球擦净外壁，再以酒精棉球擦洗，待酒精挥发后，再用生理盐水棉球擦净，便可使用。 最好还是自制在输精器前端嫁接一小端（5~6厘米长）塑料吸管，用前无菌消毒用时生理盐水冲洗管内之后接输精器前端输精，用后输精前端取下弃之。省去上述冲洗消毒时间。 （2）输精人员的准备。输精员及助手穿好工作服，手指甲剪短磨光，手洗净擦干，用75%酒精棉擦手消毒，再用生理盐水冲洗。 （3）待输精母羊准备。将母羊牵入输精室。母羊保定在横输精架（距地面70厘米）将输精母羊的两后肢提在横杠上悬空，前肢着地，一次可使3~5只羊同时输精，操作方便。
输精操作	（1）输精前母羊外阴部用来苏儿溶液消毒洗净，再用水洗擦干净。 （2）开腔器插卡好阴道检查照明装置（编者专利产品）。用生理盐水湿润过开腔器闭合顺母羊阴门状慢慢插入，之后轻轻转动90°，打开开腔口，同时照明装置亮起。检查阴道内有无疾病，检查阴道黏液情况，判定发情适期。

输精操作	（3）细心转动开腔器寻找子宫颈口，子宫颈口不一定正对阴道，子宫颈在阴道内是一小凸起，似梅花状，发情时充血，较阴道壁膜的颜色深，容易找到。 开腔器张度不影响观察子宫颈情况下张开的越小越好（2厘米），否则张度大母羊会努责，不仅找不到子宫颈，而且不利于深部输精。 （4）输精器应慢慢插入子宫颈内 0.5~1 厘米处，插入到位后缩小开腔器张度，并向后拉出 1/3，然后将精液缓缓输入。 输精完毕后，让母羊保持原姿势片刻，放开母羊原地站立 5~10 分钟，再将羊赶走。 （5）退出输精器，交助手将输精前端小塑料管取下弃之，装好已灭菌消毒的塑料管头，为下一母羊输精用。 开腔器稍松，但不可闭合，避免夹伤阴道黏膜，退出阴道交助手冲洗、消毒。换另一干净开腔器，为下一母羊输精用。
准确掌握输精时机	实践证明，母羊受胎率的高低与输精时机密切相关，应该在发情中期或中后期输精。由于绵羊发情期短，当发现母羊发情时，母羊发情已有一段时间，因此，应及时输精。 早上发现的发情母羊，当日早晨输精 1 次，傍晚再输一次。 输精的关键是严格遵守操作规程，操作要精准细致，子宫颈口要对准，输精器端口确实进入子宫颈口 0.5~1.0 厘米，精液量要足够。每头份输精量原精液 0.05~0.10 毫升，稀释精液应输 0.1~0.2 毫升。 输精工作结束，按规程所有用具及时清洗，消毒，保存，母羊输精后分栏饲养，注意观察受孕否，及时采取措施。

（六）人工授精注意事项

（1）必须选择健康无病、精液品质好、种用价值高、生产性能稳定的公羊做种公羊。

（2）种公羊的饲养管理必须到位，饲料要多样性和青绿多汁饲料的供给、矿物质、维生素的补充和适度放牧运动时间。

（3）人工授精器材、器械消毒要彻底，避免母羊生殖道疾病的传染。

（4）发情鉴定要精准，确保适时输精。

（5）精液品质必须良好，精液在稀释前后必须检查并登记，不合格精液坚决不用（表9）。

表9　种公羊精液品质检查及利用记录

品种＿＿＿＿＿＿公羊耳号＿＿＿＿＿＿

序号	采精			射精量（毫升）	原精液				稀释液			输精后品质			输精量（毫升）	受精母羊数	技术员	备注
	月日	时间	次数		色泽	气味	密度	活力	种类	倍数	活力	保存时间	保存温度（℃）	活力				

（6）精液应精准输入子宫颈口内。

（7）集精室、输精室、精液处理室温度需保持20~25℃，并要定期进行环境消毒，保持干净无尘土；镜检箱内温度控制在38℃左右。

（8）稀释液配制要精准。

（9）集精杯采取保护措施以避低温打击；避免阳光照射。

（10）避免精液受尿液、水或润滑剂的污染。

（11）每次采精（包括射精失效）都应更换所准备的假阴道以把精液的微生物污染减少到最低程度。

（12）人工授精员要严格遵守操作规程，采精时要做好精神集中，动作敏捷，稳、准、快，输精时切记做到深部、慢插、轻注、稍停。对个别阴道狭窄的年轻母羊，开腔器无法充分打开，很难找到子宫颈口，可采用阴道内输精，但输精量需要加一倍。

（13）输精后立即做母羊配种记录（表10）。

表 10　羊配种记录

| 序号 | 配种母羊 | | | 与配公羊 | | | 配种日期 | | | | 分娩 | | 生产羔羊 | | | 技术员 | 备注 |
	品种	羊号	等级	品种	羊号	等级	第1次	第2次	第3次	第4次	预产期	实产期	单双羔	羊号	性别		

二十二、繁殖母羊舍饲管操作规程

工厂化肉羊生产，如同工厂生产工业品一样，羊场的一栋羊舍就相当于一个生产车间，在一个车间内完成1~2个生产环节，从一个车间（羊舍）转到另一个车间（羊舍）。直至育肥达标，出栏上市。"繁殖母羊舍"就是肉羊生产线运转的开端。即第一生产车间。肉羊生产线周而复始就从这里开始运转。

概述	该舍中有空怀待配母、育成的后备母羊、断奶后母仔分离由产房（保育舍）转来的待配母羊，还有配后受孕母羊。 依据不同生理阶段分别饲养在不同的繁殖母羊舍或隔栏内，根据不同的生理特点采取各不相同的饲养管理，方可取得良好效果。 繁殖母羊是羊群生产的基础，其生产性能的高低直接决定着这群羊的生产水平，因而必须给予良好的饲养管理条件，使其能顺利地完成配种、妊娠、哺乳等过程，提高生产性能。 依据生理特点和生产目的不同可分为空怀期、配种前的催情期、妊娠前期、妊娠后期、哺乳期5个阶段，哺乳前后期是在产房饲养管理完成的。 该舍的重点还是配种前的催情期和妊娠后期的饲养管理。
羊舍环境	（1）进羊前一周要彻底清扫、消毒、做好接羊准备。 （2）要求羊舍干燥、保暖、清洁卫生、通风良好。冬季注意防风保温，饮水温度不可过低，夏季注意防暑降温及通风。
断奶后空怀母羊的饲管	（1）空怀期的母羊不妊娠、不泌乳、无负担，因此往往被忽视。其实母羊担负着配种、妊娠、哺乳等各项繁重的任务，只有保持良好的营养水平才能实现多胎、多产、多活的目的。营养状况直接影响着母羊的发情、排卵和受孕情况。 （2）营养好体况佳，膘情好（中上等），母羊发情整齐、排卵多。因而这个阶段也非常重要。 这个阶段的重点是要迅速恢复断奶母羊体况，为下一个配种期做好准备。 （3）此阶段除搞好饲养管理外，还要对羊群的结构进行调整，淘汰老龄母羊和生长发育差、哺乳性能差的母羊。

断奶后空怀母羊的饲管	（4）中心任务。促进母羊尽早同期发情，确保全配多怀，谨防流产发生；经常巡视，利用试情公羊发现发情和返情母羊及时配种；注意采食，排粪情况以及流产征兆。 （5）饲管原则。注意营养，恢复母羊体况，注意发情动态及时配种（补配）。 遵照生产计划实施同期发情技术，断奶母羊转入本舍第二天实施同期发情技术；新补青年育成母羊可一并实施同期发情。 （6）选用阴道海绵栓塞法较为安全可靠。海绵栓塞和用具必须严格消毒，海绵栓应涂有专用润滑药膏，严防生殖道炎症发生及传播。 （7）实施同期发情的母羊撤栓后，每天早晚放入试情公羊（试情公羊比例为 1：30），挑出发情母羊立即配种，第一次配种间隔 12 小时，再复配一次，转入已配隔栏。注意观察区分妊娠及返情母羊。 （8）撤栓的同时肌内注射促卵泡素可使同期发情整齐度达 90% 以上。另外还有促使母羊产双羔的作用。注射剂量一定要按说明书行使，避免对母羊身体产生危害。 （9）妊娠判断，如母羊配种后，经过一个发情周期（21 天）再没有出现发情，一般视为妊娠，否则未孕。在工厂化生产时为提高确认母羊妊娠可靠性，对已配母羊观察两个发情期（38~42 天）再予确认，如无出现发情，可确认已妊娠。若用超声波诊断仪更好。 （10）做好配种记录，妊娠期为（146~150 天）。预产期推算公式，即配种月数加 5，日期数减 2。
妊娠母羊的饲管	（1）母羊妊娠期为 5 个月，前 3 个月为妊娠前期，后 2 个月为妊娠后期。 （2）空怀和妊娠前期（3 个月）只要能够确保营养完全，使其膘情达到保持中等水平即可。只要通过饲草种类调整，保证母羊对蛋白质的需要，也可不补料，但必须供给矿物质和多汁饲料。 （3）妊娠后期（2 个月）胎儿生长发育加快，母体及胎儿共增重为 7~8 千克。为满足妊娠母羊生理需要，应日补全价饲料 0.5~0.8 千克 / 日只。青干草自由采食，这个时期必须给予丰厚的营养以确保产后奶水充足，所生羔羊先天充分，后天健壮，才能增重迅速要达到"母壮儿肥"。

妊娠母羊的饲管	（4）母羊产前一周左右，要适当减少精料喂量，避免胎儿体重过大造成难产。 （5）母羊妊娠后期精料搭配：玉米 56%、麸皮 15%、豆粕 16%、盐 1%、骨粉 1%、预混料 2%。 （6）妊娠后期管理上要格外留心，把保膘保胎作为管理重点。紧紧抓住一个"稳"字，出入羊舍要"稳"，防止互相拥挤造成流产；运动要"稳"不要驱赶急行、不要过劳；饮水要"稳"，不急饮、不饮冰水，不吃霜草。 （7）注意母羊的运动以增强体质，预防难产。 （8）经常巡视（饲喂时更易观察）注意采食、排粪情况。注意检查是否有重新发情，注意观察阴道有无分泌物排出和是否有流产征兆。 （9）发现空怀母羊，视情况转入下一组群母羊再配种或淘汰育肥。 （10）做好日常卫生工作，做好疾病预防工作，做好饲料用量及存栏登记。 （11）依据预产期推算在临产前一周转入产房，做好与产房饲管人员交接工作。

二十三、产房羊群饲管操作规程

重要提示	（1）怀孕母羊临产前一周进入产房。为方便管理，进入产房的怀孕母羊按预产日期顺序，实行对号入座——分栏饲管待产。在母羊舍所有的记录一并转给产房饲管员。 （2）怀孕母羊进入产房前3~5天认真清扫、消毒（墙、地、栏及用具）用3%火碱或2%~3%来苏儿消毒，在产羔期间消毒2~3次。 （3）注意观察母羊及羔羊体况和行为，做好羔羊肺炎、肠胃炎、脐带炎和羔羊痢疾的预防工作。产房设有漏缝地板，是预防羔羊疾病，提高成活率最有效的方法。
产前准备	（1）产房保持恒温干燥，一般5~10℃为宜。湿度保持50%~55%。 （2）准备充足碘酒、酒精、高锰酸钾、药棉、纱布、毛巾、肥皂及产科器械，台秤及各种记录（表11）。 （3）接产前接产人员剪短手指甲并磨光，卷袖至肘上，洗净手臂并消毒。
产前征兆	（1）母羊临产前，乳房胀大，乳头直立，尾根两侧下陷，松弛。 （2）阴门肿胀潮红，有长线状分泌液流出，呈丝状悬垂。 （3）起卧不安，不时回顾腹部，前肢扒垫草，离群独居，表现出一种强烈的对人亲切感，其中最早出现和最可靠的前兆要算两肋塌陷，腹部下垂了。如发现母羊有这种表现，说明不久就要产羔，需要做好各种接产准备和认真守候。
分娩的胎位	（1）正常胎位。 ①鼻部夹于两前肢间先产出。 ②两后肢悬蹄向上先产出，羔羊背应朝向母羊背，面部向下。 （2）异常胎位。 ①头额侧弯或头额下弯。 ②前肢腕关节屈曲，肩关节屈曲，肘关节屈曲。 ③胎儿下位；胎儿横向。

分娩过程	（1）分娩过程。子宫颈口张开——羔羊（胎儿）进入产道——充有羊水的胎膜突出羊膜破裂——羔羊（胎儿）顺利滑出。 （2）分娩。它是以子宫颈的扩张和子宫肌肉有节律性地收缩为主要特征。开始每15分钟发生一次收缩，每次约20秒钟，由于是一阵一阵的收缩，故称为"阵缩"在子宫阵缩的同时，母羊的腹壁也伴随着发生收缩，称为"努责"。阵缩与努责是胎儿产出的基本动力。在这阶段，扩张的子宫颈与阴道形成一个连续的管道，胎儿和尿囊绒毛膜随着进入骨盆入口，尿囊绒毛膜开始破裂，尿囊液流出阴门，称之为破水。羊分娩准备阶段的持续时间为0.5~24小时，平均为2~6小时。若尿囊破后超过6小时胎儿仍未产出，即应考虑胎儿胎姿是否正常，超过12小时，即应按难产处理。 （3）胎儿从显露到产出体外的时间为0.5~2小时，产双羔时，先后间隔5~30分钟，胎儿产出时间不会超过2~3小时，如果时间过长，则可能是胎儿产姿不正常形成难产。 （4）每当母羊产出一羔时，必须检查是否还有胎儿尚未产出。其方法是：趁母羊产后站起，手掌托起母羊腹底，若感到光滑的胎体，就可认定还有胎儿。 （5）羊的胎盘通常在分娩后2~4小时内排出。胎盘排除时间一般需要0.5~8小时，但不能超过12小时，否则会引起子宫炎等疾病。及时请兽医处治。 （6）分娩是母羊的一种正常生理现象，一般应让其自行分娩，非必要时不要干扰；接羔人员只是监视分娩情况和对新生羔羊作护理即可。
正常接产	（1）首先剪去临产母羊乳房周围和后肢内侧的毛，以免妨碍初生羔羊哺乳和吃进脏毛。 （2）用温水洗净乳房，并挤出几滴初乳。再将母羊外阴部，肛门和尾根洗净，用1%来苏儿消毒。 （3）正常分娩的经产母羊，在羊膜破后10~30分钟，能顺利产出，不必助产。产出第一胎后应注意检查是否有双羔或多羔。 （4）母羊将胎儿产出后0.5~4小时即可排出胎衣，并在7~10天内常有恶露排出。若肠衣、恶露排出异常，要请兽医诊治。 （5）羔羊产出后，应迅速将羔羊口鼻耳中黏液抠尽，以免呼吸困难窒息死亡或吸入气管引起异物性肺炎。

正常接产	（6）羔羊身上的黏液必须由母羊舔净。如母羊恋羔性差，可把胎儿黏液涂在母羊嘴鼻上，引诱母羊把羔羊身上的黏液舔干。天气寒冷，则用干布迅速将羔羊身体擦干，免得受凉。 （7）羔羊出生后，一般母羊站立起脐带自然断裂，脐带立即涂5%的碘伏消毒。若脐带未断，可在离羔羊腹部6~10厘米处将血液向两边挤捋，然后在此处剪断涂抹5%碘伏消毒。
难产及助产	（1）发生难产原因：母羊努责无力，胎位不正，子宫颈狭窄，骨盆狭窄。 （2）为了保证母仔安全，对于难产的母羊必须进行全面检查，并及时进行人工助产，必要时对母羊可考虑剖腹产。 （3）助产的时间：当母羊努责超过4小时，而未见羊膜绒毛膜在阴门或阴门内破裂（双胎间隔0.5~1小时），母羊停止努责或努责无力时，需迅速进行人工助产，不可拖延时间，以防羔羊死亡。 （4）助产的准备：① 保定母羊，一般使母羊侧卧，保持安静，前驱低后驱稍高，以便于矫正胎位。② 对于手臂、助产用具进行消毒；阴户外周用1∶5 000的新洁尔灭溶液进行清洗。③ 胎位、胎儿检查，确定胎位是否正常，判断胎儿死活。 胎儿正常时，手伸入产道可摸到胎儿嘴巴、两前肢及两前肢中间夹着的胎儿头部。 胎儿倒出时，手伸入产道可发现胎儿尾巴、臀部、后肢及脐动脉。 胎儿死活的鉴别：以手指压迫胎儿，如有反应，则表示胎儿还活着。否则为即死。
助产的方法	（1）前肢后置。一只手伸入产道，沿着胎儿的颈部伸向胸部，摸到一只前肢的肘部，用一指钩住前肢，轻轻向前拉直，然后试着矫正另一只前肢配合母羊努责，轻轻拉出胎儿。拉出后迅速清理口鼻黏液，促使其呼吸，并用干净毛巾擦净羔羊全身。 （2）前肢先露，头部扭转向后：将前肢推回产道，手顺势滑入，用手掌牢牢抓住头部，同时将胎儿的前肢引成俯冲姿势，用手掌和手指引导头部直到它进入产道。

助产的方法	（3）臀部前置，尾部先露：试着扭转羔羊成正常胎位，如后肢先露，悬蹄向上。 母羊怀双羔时，有时两羔同时各将一肢伸出产道，形成交叉。由此形成的难产，应分清情况，辨明关系。用手伸进产道，触摸腕关节确定前肢，触摸足关节确定后肢。 确定难产胎儿体位后，可将一只羔羊的肢体推回腹腔，先整顺一只羊的肢体，将其拉出产道，随后将另一只羊的肢体整顺拉出产道。切忌两只胎儿和不同肢体误认为同一只羔羊的肢体施行助产。 （4）子宫颈扩张不全或子宫颈闭锁：胎儿不能产出或骨骼变形，致使骨盆腔狭窄，胎儿不能正常通过产道，在此情况下，可进行剖腹产。 （5）母羊阵缩及努责微弱：可皮下注射垂体后叶素、麦角碱注射液1~2毫升。必须注意，麦角制剂只限于子宫颈完全张开，胎姿、胎位及胎向正常时方可使用，否则会引起子宫破裂。
产后母羊护理	（1）产后母羊应注意保暖，避免贼风，预防感冒。母羊哺乳期间要勤换垫草，保持舍内清洁干燥。经常检查母羊乳房，如发现乳房炎症、化脓等情况及时采取措施。 （2）母羊产后应让其很好地休息，并饮一些温水，加入少量麸皮及盐，第一次不宜过多，一般1~1.5升即可。喂给质地较好的青干草。母羊膘好，产后3~5天不喂精料，以防消化不良或发生乳房炎，一周后逐渐过渡到正常标准，恢复体况和奶羔两不误，同时保证饮水。 （3）精料的饲喂应在产后的第5天开始，给量200克左右，以后逐渐增加。产后15~20天根据母羊泌乳量适当增加补饲。一般每天补饲精料0.6~1千克。青绿多汁饲料1~2千克，青干草自由踩食。 （4）哺乳母羊给精料原则应注意其食欲、反刍、排粪和腹下水肿，乳房肿胀消退以及哺乳羔羊数而定。又要发挥泌乳活力。 （5）羔羊断乳前3~4天减少精料乃至停料。断奶返回繁殖母羊舍，待下周期再配种。并将母羊记录随母羊转到繁殖母羊舍。 （6）母羊将胎儿全部产出后，0.5~4小时内排出胎衣，注意及时拿走，防止母羊吞食。7~10天内常有恶露排出。若胎衣、恶露排出异常，要及时请兽医诊治。同时检查母羊乳房有无异常或硬块，及时发现及时治疗。

产后母羊护理	（7）胎衣不下，母羊超过正常时间（6小时）还未排出胎衣就叫胎衣不下，若超过24小时还未排出，胎衣就会腐烂，使母羊病引发败血症，故应及时诊治。
初生羔羊护理	初生羔羊体质较弱，适应能力低，抵抗力差，易发病，因此要加强护理，保证成活健壮。 　　日常护理做到五防：防饥饿、防冷、防热、防潮、防蝇。 　　（1）吃好初乳。初乳营养物质丰富，易消化吸收，还含有丰富母原抗体，提高羔羊抵抗力，并有轻泻，促进胎粪排出。羔羊出生36小时后不再具备吸收完整的带抗体的大分子蛋白质的能力，因此一定要让羔羊尽快尽早吃上吃饱初乳。 　　（2）加强对一胎多羔羊的哺育。① 一胎多羔羊的成活率是确保经营能否实现高产、低耗、高效的关键。特别是强弱大小悬殊的羔羊，一定要设法让其都能及时吃上吃饱初乳。② 对于一胎生产过多的羔羊，可使其吃过初乳后将多产出（2只）的羔羊及时寄养于产期较为接近而又是生产了或活了一只羔羊，或者有奶无羔的母羊。为提高一胎羔羊的成活率，可以实行分组轮流哺乳。人工护理使初生羔羊普遍吃初乳7天以上。 　　（3）代乳或人工哺乳：一胎多羔羊或产羔母羊死亡或乳房疾病等原因引起羔羊缺奶，应及时采取代乳或人工哺乳的方法解决。10日龄内的羔羊不宜补喂牛奶。若使用代乳粉或全脂奶粉，宜先用少量羔羊初试，试验无腹泻、消化不良等异常表现后再大面积使用。人工哺乳要做到"三定"即定时、定量、定人。 　　（4）及时补饲、羔羊生后一般从7日龄左右就应开始训练采食干食料和草料以便捉进瘤胃发育和补充营养需要。 　　对于1月龄以内的羔羊还正处学习和适应由液态奶转入固体饲料，饲草料的选择一定要注意适口性。如幼嫩青草或优质干草等。可捆成小把吊起让羔羊自由采食。精料放入补饲槽内自由采食。 　　（5）经补饲训练羔羊已适应和习惯了采食固体饲料的，20日龄后应给饲混合精料50~100克/（日·只），60日龄100~150克/（日·只）。 　　（6）早期断奶一般在2~3月龄，体重应达到初生重的2.5倍或体重达

初生羔羊护理	到 11~12 千克早期断奶是工厂化养羊的一项新技术。早期断奶是在早期诱食（7~10 日龄）基础上的 10~15 日龄开始补饲，补饲量逐渐增加，投放饲料量以一次给羔羊在 20~30 分钟吃完为宜。开始每天给 40~45 克，一直到断奶时全期每头羔羊平均 9~14 千克饲料。 （7）判断新生羔羊健康正常与否。新生羔羊非常脆弱极易发病，判断羔羊是否健康正常的方法是，每隔 2~4 小时将母仔栏内母羊轰起一次，观察羔羊是否随即站起及站起以后的行为表现。 健康正常的羔羊站起以后就马上伸腰吃奶并摆尾。 如果懒得站起，起立缓慢，无精打采，不思吃奶，弓腰卷腹，哆嗦寒战，抱起细看可见鼻镜干燥，嘴角流口水或拉稀现象。一般都可以认为可能有病或异常，必须马上诊治。
羔羊疾病防控	羔羊最容易发生的疾病有 2 种：一种是羔羊痢疾，一种是肺炎。对于新生羔羊每隔 2~3 小时检查一次，观察其精神状态、排粪、吃奶情况。羔羊痢疾危害 7 日龄以内羔羊，又以 2~3 日龄内羔羊发病率最高。 （1）加强母羊怀孕后期饲养。这一点尤为重要。 （2）对分娩母羊乳房后裆及腹部的被毛要剪去清洗干净。并一定在羔羊第一次吃奶前，挤出母羊乳头中的积奶，搞好脐带消毒。 （3）搞好产房及用具卫生及消毒。 （4）怀孕母羊接种"羔羊痢疾疫苗"：怀孕母羊产前 20~30 天第一次皮下注射 2 毫升，第二次于产后 10~20 天皮下注射 3 毫升。第二次注射后 10 天产生免疫力，母羊免疫期 5 个月。羔羊可通过吮吸母羊乳汁，获得母原抗体，得到被动免疫。 （5）预防羔羊痢疾，羔羊初生后 12 小时内灌服土霉素 0.15~0.2 克 / 次，每日 1 次，连服 3 天效果不错。
羔羊超早期断奶	（1）羔羊早期（超早期）断奶是工厂化养羊的一项新技术。断奶是羔羊生后最大的应激因素，搞不好会严重影响生长发育，会发生疾病，乃至死亡严重后果。应采用"迁母留羔"缓和方法断奶。 （2）羔羊实施早期断奶，有利于充分发挥羔羊早期的生长，潜能发挥，缩短肉羊生产周期，提高经济效益；有助于母羊实行高效高频繁殖体系，降低母羊生产成本，也有助于母羊提前进行生理和体况的恢复，为下一周期配种打下良好基础。

羔羊超早期断奶	（3）其方法：羔羊训练开食的时间越早越好，从早龄开食极少量的固体饲料。对促进瘤胃功能和采食行为有很大作用。 一般从 7~10 日龄开始诱食，10~15 日龄开始补饲，补饲料逐渐增加，投放量以一次给羔羊能在 20~30 分钟吃完为宜。羔羊早期断奶应在 45 日龄左右。 开始每天给 40~45 克，一直到断奶全期每只羔羊平均消耗 9~14 千克饲料。 对不适应早期断奶的羔羊，及时排除单独饲养，以减少羔羊的死亡。 在大群羔羊中，随机选择测定数据，羔羊每 7 天称重一次。记录备查。 对于羔羊早期断奶饲喂的羔羊料，品种应多种多样，以适应不同生长阶段的需要。以配合颗粒料为好。 试验表明，羔羊料至少分成 3 种： ① 诱食料：供 7~15 日龄羔羊饲喂。重点考虑蛋白质含量、适口性、颗粒软化程度，并在饲料中添加微生物活菌或免疫增强剂，防治羔羊腹泻等生物制剂和药物。 ② 断奶强化培育料：供 20~30 日龄羔羊饲喂，重点考虑加快羔羊生长的营养需要。 ③ 直线强化培育料：供 30 日龄以上的羔羊饲喂，重点考虑羔羊的生长和饲料成本。 （4）减少应激是帮助羔羊顺利断奶的关键，因此必须遵循：一不变、两过渡、三减少原则。
羔羊早期断奶	一不变：断奶后 1~2 周羔羊的日粮不变，仍喂断奶前的日粮，之后逐渐过渡到生长期日粮。 两过渡：一是饲养制度的过渡，在断奶后两周内应按哺乳期的方法饲养，每次饲喂不宜过饱，以保持旺盛食欲，防止拉稀。同时注意供应清洁饮水。二是环境的过渡，采用"迁母留羔"的方法断奶。羔羊仍留在产房原母仔栏内饲养，以免多重应激叠加，多方面受到严重影响（此时前后相继断尾、去势、打耳号）。 三减少：一是逐渐减少哺乳次数，实行缓和离乳。羔羊断奶前 5~7 天应减少哺乳次数，可由原来的每天 5~6 次，逐渐过渡到 1~2 次，最后再一次性断奶。二是断奶前逐渐减少母羊精料和多汁饲料，日粮中适当加大饲草比例，以减少母羊乳汁的分泌；三是逐渐减少母羊与羔羊相处时间。在断奶期间，白天将母羊赶到舍外饲喂，夜间再将母羊放回原栏，经 3~5 天适应再施断奶。

羔羊另管措施	（1）羔羊断尾：应在羔羊出生 1 周后进行，将尾巴距离尾根 4~5 厘米处断掉，所留长度以遮住肛门及阴部为宜。其方法有结扎法和热断法。 （2）羔羊去势：为了提高羊群品质，对不做种用的公羔都应去势，以防杂交乱配。公羔去势的时间为出生后 2~3 周。去势方法通常有四种：即刀切法、结扎法、去势钳法及化学去势法。 （3）羔羊编号：编号一般在断奶时进行，经过鉴定同时进行打耳号，并做母系记录。不留做种用也可不打耳号，可做临时标记。 其编号方法：现时多采用耳标法，第 1 位字母为父系品种，第 2 位字母为母系品种，第 3 位数字为出生年份，第 4~6 位数字为羔羊个体编号，其中第 6 位数字单数表示公羔，双数表示母羔。在个体号后划"—"加数字"2"则表示双羔及多羔。

表 11 产 羔 记 录

序号	品种	羔羊					公 羊			母 羊			羔羊出生鉴定				备注
		耳号		性别	单双羔	出生日期	出生重（千克）	品种	耳号	等级	品种	耳号	等级	体型结构	体格大小	被毛同质性	等级	
		临时	永久															

记录员：_____

88

二十四、保育舍羊群饲管操作规程

重要提示	（1）羔羊早期（45日龄）断奶，断奶前1周母仔一同全部转入保育舍。在保育舍母仔共处1周后，母羊离仔转回母羊舍。彻底断乳。这时小羊离开了母羊、离开了母乳、离开了原来的环境，这对小羊心理和生理来说是前所未有的应激。所以细心观察和照料转入保育舍的小羊是保育舍的主要日常工作。一般在保育舍饲养2个月（8周）。 （2）小羊转入保育舍按体质强弱大小分群便于分别对待规范化管理。对有病小羊需隔离治疗，有传染病病原携带的小羊应淘汰。 （3）这一阶段是小羊骨骼和器官充分发育时期，如果营养跟不上，会影响生长发育，影响体质、采食和将来的繁殖能力。加强培育，可以增大体格，促进器管发育，对将来提高产肉能力，增强繁殖性能具有重要作用。此阶段主要是拉架子、增长肌肉。 （4）保育舍的主要工作是控制环境卫生，温度、湿度和逐渐改变饲料，给以一个温和的变化，保证小羊的正常生长。 （5）保育舍小羊正好处在母羊效应的延续和为育肥打好基础，实现效益最大化的关键阶段。 （6）断奶后数天羔羊很少采食或不采食。数天后开始采食，并于第二周出现补偿性过食造成消化不良，这是保育舍要注意的一环。
工作目标	（1）小羊成活率95%以上，发病率3%以下。 （2）转出保育舍体重达25千克。
环境卫生	（1）断奶羔羊转入保育舍前一周要认真清扫、消毒。要求地面干燥卫生、通风良好，夏防晒、冬防冻，保育舍保持5~8℃。 （2）圈舍消毒：墙壁、地面、饮水器的消毒可用2%~3%的火碱溶液或10%~20%石灰乳，也可用3%~5%来苏儿喷洒消毒。 （3）进入保育舍2~3周是关键时期，死亡损失较大。这时期应减少惊扰，让小羊充分休息，适应新环境，开始1~3天只喂一些易消化干草，多饮水，饮清洁水。

饲管操作规程	（1）定期称重是育成羊发育完善程度的标志，从产房转来的第一天开始称重，以后按照既定日程每周称重一次并记录，据此调整饲养管理。第一次的称重及体况的评定也是对产房饲养管理绩效评定。称重应在早上空腹称。
	（2）转入保育舍的小羊有两种去向：一种是根据系谱和个体发育情况，从中选出优质母羊（F）做后备生产母羊进入后备母羊舍，做三元杂交。进一步利用杂交优势，提高其生产能力及肉的品质。选入后备母羊群，应按育成母羊饲养。
	另一种去向就是所有已去势公羔及未选入后备母羊的母羔，转入育肥舍，育肥上市。
	（3）转入保育舍的小羊，生长发育处于旺盛期，营养需求量大，可这时瘤胃发育还不完善，功能尚不健全。瘤胃微生物发酵作用提供的营养无法在质和量的方面，也都远远不能满足小羊的需求。基于这种情况，应饲喂优质干草和精料，加强肠胃技能的锻炼。
	投料顺序为：草—→料—→青贮—→多汁饲料，自由饮水。
	（4）这个时期小羊生长发育旺盛，可塑性大。正是骨骼，肌肉及内脏器官发育增重时期。如营养不良不仅影响羔羊的育成率，还会推迟性成熟体成熟。而且会影响以后的育肥、产肉性能。因此，每天必须保证蛋白质、钙、磷和维生素的供给。
	精饲料配比：玉米 55%、豆粕 10%、麸皮 16%、麻饼 15%、盐 1%、碳酸轻钙 2%、预混饲料 1%。
	（5）有条件可结合放牧强化体质，充分利用自然资源，尤其是可自由采食到舍饲所缺乏的天然营养物质，降低饲养成本，提高整体效益。
	可采取放牧加补饲方式，日补精料 0.3~0.5 千克。
	（6）日常工作除饲喂外，还有一个重要任务就是注意观察采食状况，举止行为变化，发现异常及时采取措施。
	每周末要清点存栏数，统计饲料用量等记录、备案、报技术室。
	（7）做好卫生管理，主要是防止痢疾等疾病，痢疾发生会影响小羊生长发育，造成僵羊长不大。另外防疫工作必不可少，遵照免疫程序进行免疫。
	（8）小羊在该舍饲养 8 周后要转入育肥舍。转入育肥舍前一周的首日根据情况进行驱虫和五联苗预防注射。为转入育肥舍后备母羊舍（选合格育成母羊）做好准备。

饲管操作规程	（9）小羊要转入育肥舍前一天夜晚应停水、停料空腹一夜，翌日清晨称重，按体况分栏（组）转入育肥舍。 此项工作应有保育舍和育肥舍两舍饲管人员共同参加，并做好交接工作。 （10）小羊转出清扫舍内外干净；对护栏、墙壁、食槽、水槽等彻底消毒。舍内要开窗通风晾晒，净化舍内空气，为迎接下批小羊进驻做好接待准备。

二十五、育肥舍羊群饲管操作规程

重要提示	（1）接纳由保育舍转来育肥羔羊前一周对舍内外再次彻底清扫干净消毒（上市肥羔出栏后已第一次清扫消毒）舍内保持通风干燥、冬保暖、夏防晒。 （2）转入的羔羊应称重并记录，是对上阶段饲管业绩考评的依据，并根据体况分栏饲管。 育肥技术与方式多种多样，可依据本场条件灵活选择。 （3）转入本舍的羊群由于环境变化，要保安静，防止惊扰。 （4）育肥舍的一切工作应围绕着增重，高效益，进行安排，要勤检查，勤观察。 （5）转入本舍的羊群不再转舍，在此饲养 2 个月出栏上市，是工厂化肉羊生产的最后一个车间即最后一道工序，终端产品（肥羊）出场进入市场。 （6）育肥舍饲管重点是采取有效措施，始终保持体况一致，最大限度提高肉羊上市规格整齐。
饲管原则	（1）掌握精粗饲料比，羊虽然能充分利用粗饲料，但为了提高育肥期的日增重，必须给予一定的高能量饲料。 （2）蛋白质在日粮中所占比例应在 8% 左右。 （3）羊的饲喂量要根据其采食来决定，吃多少喂多少。其采食量与羊的品种、羊龄、性别、体格和饲料的适口性、水分有关。羊采食量越大，其增重越高。 （4）日常管理尽量减少运动，降低消耗，使羊吸收的营养物质全部用来增重（增膘）。
工作目标	（1）成活率 98%。 （2）日增重 300 克。 （3）出栏体重 40~45 千克，饲养日龄 180 日。
饲管规程	羔羊育肥是肉羊生产主要方式。一般地讲，对体重小或体况差的羔羊进行适度育肥；对体重大或体况好的进行强度育肥，均可进一步提高经济效益。 （1）羔羊从保育舍转育肥舍前一天晚上停料停水空腹一夜，早晨称重，并按体况分组分栏转入育肥舍，两舍饲管员共同参与完成，并做好交接签字。

饲管规程	（2）舍内保持安静，供足饮水，并喂给易消化的青干草。 （3）按组配合日粮，分别对待。体格大优先供给精料型日粮，通过强度育肥，体重达标者提前出栏上市；对于体格小的羔羊先喂给粗饲料比例大的日粮。干草比例可占日粮的60%~70%。 （4）经过2~3天的环境适应，羔羊开始饲喂预饲期日粮，每天2次，每次投料量以30~45分钟吃净为准，不够再添，量多则要清扫干净。 （5）槽位要充足，25~30厘米/只，饮水不间断。加大喂量或变换饲料配方都应有3~5天的适应期。应训练羊只在固定槽位采食，避免抢食也便于观察。 （6）育肥期精料搭配 玉米56%、豆粕22%、麸皮18%，盐1%，骨粉1%，碳酸氢钙1%，预混料1%。一天分上下午两次喂给，250~300克/（日·只），青干草自由采食。 （7）由于各地生态环境条件不同，羊场自身条件各异，因此对羔羊育肥的方式方法有所不同，有关育肥方式及注意事项另列"羔羊育肥方式"专题分述，供参考选用。

二十六、羔羊育肥方式

肉羊育肥的方式因各地生态环境、饲养方式，经营规模等实际情况而不同，需灵活应用。

根据饲养方式可分为：放牧加补饲育肥、全舍饲育肥。

根据生理阶段可分为：哺乳羔羊育肥、早期断奶全精料育肥，当年羔羊育肥和成年羊育肥。

根据日粮类型可分为：精料型日粮、粗料型日粮和青贮型日粮。

放牧加补饲育肥	（1）草场质量较好的地区充分利用草场，采取放牧为主补饲为辅。应抓住夏秋季牧草茂密营养价值高的时机，延长放牧时间，降低饲养成本。 （2）我区属荒漠、半荒漠草原，应遵循一年四季气候变化规律和牧草发芽、生长、成熟、枯萎这个规律，利用好草场，保护好草场。为此一年中可分三个阶段，采取不同方式放牧。 即：4月1日—6月30日，是牧草返青生长期定为禁牧期，保护草场，为将来更好利用打好基础。 7月1日—10月31日牧草生长旺盛，营养丰富，定为放牧期，充分利用天然草场降低饲养成本。 11月1日—翌年3月31日牧草枯萎定为半舍饲料放牧，依当天气选定放牧与补饲时间。 （3）夏季不宜在烈日下放牧，烈日下羊不肯吃草，易中暑。夏秋之季注意天气变化，不要使羊受暴雨，冰雹袭击而受凉生病。 （4）注意饮水充足，不可吃露水草，吃露水草易腹泻。 （5）日补混合精料 0.3~0.5 千克，上午归牧后补总量的 30%，晚上归牧（20:00）补 70%。 混合精料比：玉米 68%、豆粕 10%、麻饼 19%、盐 1%、碳酸氢钙 2%，饲喂时另加草粉 15%（混匀拌湿，用槽喂）。 枯草期在混合精料中还应多加 5%~10% 麸皮，添加预混料 1%。

舍饲育肥	舍饲育肥羊的来源主要是以羔羊为主，其特点是育肥期短，畜群周转快，经济效益高。 饲料包括农作物秸秆、干草、农副产品、精料等饲料资源综合利用。配合饲料最好压制成颗粒饲料。 推广利用全混合日粮（TMR）技术，效果更好。
育肥的日粮类型	精料型日粮：此类型日粮仅适用于体重较大的健壮羔羊育肥用，经40~55天的强度育肥出栏体重达到48~50千克。 粗饲料型日粮：此类型可按投料方式分为普通饲槽用和自动饲槽用两种。前者把精料和粗饲料分开喂给，后者是把精粗料合在一起的全日粮饲料（TMR）。为了减少饲料浪费，规模化肉羊养殖场采用自动饲槽为宜。 青贮饲料型日粮：此类型以玉米青贮饲料为主，可占日粮的67%~87%。不适用于育肥初期的羔羊和短期强度育肥羔羊，可用于育肥期在70~80天以上的体小羔羊。
不同生理阶段育肥	哺乳羔羊育肥。不属于强度育肥，羔羊仍按舍饲方式饲养，在10日龄开始补饲，逐渐提高补饲水平。羔羊到3月龄时，从大群中调出体重大于30千克的可出栏上市。 体重不达标的，转入一般羊群继续喂养。羔羊不采取早期断奶。以早熟性能好的公羔为育肥对象，但不是肉羊生产的主要方式，是为满足节日市场需要的特殊生产方式。 母羊哺乳期间每日补饲足够量的优质豆料饲草，加0.8千克的精料。 对羔羊进行隔栏补饲，羔羊开食时间越早越好，每天补饲2次，以玉米粒为主，适量搭配豆饼和胡萝卜丝一起混合均匀放入食槽，每次饲喂要以20分钟吃完为宜。 断奶羔羊育肥：羔羊2~3月龄断奶，经过90~150天的育肥，于6~8月龄达到屠宰体重，一般公羊为45千克，母羊为40千克，胴体重为20~22千克。 从我国羊肉生产的趋势看，正常断奶羔羊育肥是最基本的生产方式，也是工厂化高效肉羊生产的主要途径。 育肥方式有放牧育肥、混合育肥和舍饲育肥三种。生产者可依据实际条件灵活掌握。 羔羊转入育肥舍已为正式育肥开始。常用的育肥日粮有粗饲料型、精料型和青贮型日粮，生产者可根据计划灵活选择。

羔羊早期断奶全精料育肥	羔羊早期断奶全精料育肥是羔羊提前（1~1.5 月龄）断奶的羔羊实施的育肥技术。 　　（1）早期断奶应在 45 天左右，体重达到 10 千克，断奶育肥 45~60 天出栏上市，体重达到 25~30 千克，日平均增重 250~300 克，精料增重比 3：1 或更高。以此生产的肥羔之肉为羊肉中的极品。 　　（2）羔羊早期断奶全精料育肥之所以可行，就在于充分利用了羔羊 3 月龄以前的生理特点，第一羔羊在 3 月龄以前生长最快。早期育肥可使胴体组成部分的增重速度大于非胴体部分（不可食用部分），使活体有更高的屠宰率和净肉率。 　　羔羊在 3 月龄以前瘤胃发育尚不完全，此时食入的精料大部分通过瘤胃进入真胃以后才被分解成氨基酸到小肠被吸收，因此，这一阶段的羔羊对精料的利用率很高。全精料育肥羔羊只喂精料，不喂粗饲料，管理简单，不易发生消化道疾病。但又有一定的缺点，所产肉羊胴体偏小，并且往往会有不少羔羊到时仍然不能达标出栏。 　　（3）实施羔羊早期断奶全精料育肥关键点有四。 　　① 务必搞好羔羊早期（5~7 日龄）补饲，使羔羊到 1 月龄左右能习惯大量采食精料。 　　② 早期所用补饲精料应与断奶后育肥用料相同。 　　③ 务必搞好肠毒血症预防。 　　④ 特别注意羔羊断奶应激对采食，增重的影响。 　　（4）羔羊全精料育肥技术要点有四。

　　① 饲料选择以玉米整粒加一定比例熟制的大豆或豆饼，豆饼需破碎过筛去粉，如有专用配合颗粒料更好。

　　② 日粮配制：玉米 80%~85%、豆饼 15%~17%、另加适量专用预混料。盐砖自由舔食，另可给一些干草或秸秆使其自由采食为刺激瘤胃蠕动。

　　③ 育肥全程（45~60 天）不要轻易变动饲料配方。若用其他饼类代替豆饼（豆粕）时，要很好计算钙磷比例，以免比例失调引起尿结石。

　　④ 终日保持槽中有料，任羊自由吃喝。

　　⑤ 羔羊育肥结束因品种、个体差异、其效果不一，大型肉用品种及杂种体重可达 35 千克以上。而小型的会小一些。但不管多大到时都应出栏上市。否则继续饲养越来越不合算。

二十七、饲草青贮技术

青贮饲料是将新鲜的青饲料切成小段装入密闭容器里，经过微生物发酵作用，制成一种具有特殊芳香气味、营养丰富的多汁饲料，它基本上保持了青绿饲料原有的一些特点，故有"草罐头"之称。世界各国都将青贮饲料作为重要的青绿饲料饲喂草食家畜。青贮原料由农作物秸秆发展到专门建立饲料地、种植青贮原料，特别是种植青贮玉米，使青贮饲料的数量和质量有了较大提高。

（一）青贮饲料特点

青贮饲料能够保存青绿饲料大部分营养物质——饲料在贮存过程中，养分必然要有所损耗。但由于贮存方式不同，养分损失的种类与数量也不相同。青贮可以减少养分的流失，提高饲料利用率。据试验，干草调制过程中，养分损失一般达20%~40%。

调制青贮饲料，由于不受日晒、雨淋的影响，养分损失较少，干物质一般损失0%~15%，可消化蛋白质损失5%~12%。特别是胡萝卜素的保存率，青贮比其他调制方法都高。

为冬春提供多汁饲料	青贮饲料可以给家畜提供冬春季所需的多汁饲料——新鲜的青绿饲料虽然很好，但受季节的限制不能为家畜均衡地供应。经乳酸菌发酵制成的青贮饲料，仍保持青饲料的水分、维生素含量高、颜色青绿等优点。 我区青绿饲草不足半年，整个冬春季节缺乏青绿饲料，而青贮饲料，供冬春或整个舍饲青草饲草不足。
好食易消化	青贮饲料适口性好，易消化——青贮饲料经过乳酸菌发酵，柔软多汁，适口性好，具有刺激消化腺分泌作用，可提高饲料消化率。
调制方便贮期长	青贮饲料调制方便，而贮藏——青贮饲料调制方法简单、易于掌握。修建青贮窖或制塑料袋的费用少，一次制作可长久利用。调制过程中受天气条件限制较小。青贮饲料取用方便，随用随取。良好的青贮饲料，管理得当，可贮存多年。

原料来源广	调制青贮可扩大饲料来源——有些植物，如菊科类植物及马铃薯茎叶等在青饲喂时，具有怪味，适口性差，家畜不喜欢食，饲料利用率低。但青贮之后，气味改善，柔软多汁，提高了适口性，减少了废弃浪费。有些农副产品胡萝卜叶、甜菜叶等收货期很集中，收获量很大，短时间内饲喂不完（或者不宜大量饲喂）可又不能直接存放，或因天气条件限制，不能晒干，却又无其他办法保存，若及时调制成青贮，则可充分发挥这类饲料的作用。
贮量大不易坏	青贮料单位溶剂内贮存量大——青贮饲料贮藏空间比干草小，可节省存放场地。其容量为450~700千克/米^3，其中干物质为150千克，而干草的容量仅70千克/米^3，约含干物质60千克。在贮存过程中，青贮饲料不受风吹、雨淋、日晒等影响，也不会发生自燃等火灾事故。
消灭作物病虫害	调制青贮饲料有利于消灭作物病虫害及田间杂草——青贮过程中借压力、温度、酸度可以杀死作物害虫和限制各种微生物的活动。玉米螟的幼虫常沾上玉米秸秆中越冬，翌年转化成虫继续繁殖为害，秸秆青贮是防治玉米螟的最有效措施之一，经过青贮玉米全部死亡。许多杂草种子经过青贮也失去发芽能力。

（二）常规青贮原理

青贮发酵是一个复杂的生物化学过程，包括好气性活动阶段、乳酸发酵阶段和稳定阶段三个阶段。青贮其实质是将新鲜的植物紧实地贮放在处于厌氧条件的容器中，通过微生物——乳酸菌的作用，使饲料中的糖类转变为乳酸。当乳酸在原料中积累到一定浓度时，即pH值下降到3.5~4.2时，所有微生物活动都处于被抑制状态，从而使青贮饲料能够得以长期保存。

（三）青贮原料应具备的条件

调制青贮饲料时必须设法创造有利于乳酸菌生长繁殖的条件，即原料应具有一定的含糖量，适宜的含水量及厌氧环境，使之尽快产生乳酸，三者缺一不可。

适宜的含糖量	糖是乳酸菌形成乳酸的原料，只有足够数量的糖分，乳酸菌才能形成一定数量的乳酸。一般来说，禾本科牧草及秸秆、甘薯等块根类原料、谷实等含糖量高，可以制作单一青贮；豆科草、瓜类藤蔓类含糖量较少，不宜单独青贮，可按1∶3比例与含糖或含淀粉多的原料混合青贮。

适宜的含水量	最适宜于乳酸菌繁殖的青贮原料含水量为 65%~75%。青贮原料含水量因质地不同有差别，质地粗硬的原料含水量可高达 75%~78%；收割早、幼嫩、多汁柔软的原料，含水量就可低些，以 60% 为宜。对于含水量过高或过低的原料，青贮时均应处理或调节。 对于麦类作物往往是采用延长生育期，推延到水分含量适宜的乳熟期收割。混贮适于含水量高的原料和低水分原料适当比例混贮，并且两种作物恰好同时收割或相近收获。凋萎或添加剂是将含水量高的原料，青贮前适应晾晒凋萎，使其含水量达到要求后再进行青贮，或加一定比例的干糠或干草后混贮。 判断青贮原料水分含量的简便方法：将切碎的原料紧握手中，然后自然松开，若仍保持球状，手有湿印，其水分含量在 68%~75%；若草球慢慢膨胀，手上无湿印，其水分在 60%~67%，适于豆科牧草的青贮；若手松开后，草球立即膨胀，其水分在 60% 以下，只适于幼嫩牧草低水分青贮。
必需的厌氧环境	乳酸杆菌是厌氧菌，腐败菌是好氧菌，为窖内的青贮原料创造一个无氧的环境对抑制有害微生物，促进乳酸菌的生长和繁殖至关重要。因此，青贮原料必须切短、压实、窖顶封严，才能保证青贮的质量。
常用青贮原料	青带穗玉米是青贮最佳原料，收获果穗后的玉米也是常见的青贮原料。此外，甘薯藤、块根块茎类也可作青贮原料。近年来，在玉米地里间作草木樨，既增加原料来源和营养价值，又增加了土壤肥力。除农物外，人工栽培的牧草如苜蓿、紫云英、毛苕子、沙打旺、雀麦草、野香草等都可作青贮原料。
青贮设施要求	青贮场址宜选在土质坚硬、地势高燥、地下水位低、靠近羊舍、远离水源和粪坑的地方。青贮设施容器种类很多，但常用的有青贮窖和青贮塔，无论是哪一种设施基本的要求如下。
	不透气 它是调制优良青贮饲料的首要条件。无论用哪种材料建造的青贮设施，必须做到严密不透气，在窖内壕壁内衬一层塑料薄膜更好。

青贮设施要求	不透水	青贮设施不能靠近水塘、粪池，以免污水渗入。地下或半地下式青贮设施的底面，必须高于地下水位（0.5~1.0 米）在青贮设施周围挖好排水沟，以防地面水流入。若有水侵入会使青贮饲料腐败。
	器壁平直	青贮设施的壁要平整垂直，墙角要圆滑，这有利于青贮饲料下沉压实，上宽下窄或下宽上窄都会阻碍青贮的下沉或形成缝隙，造成青贮饲料霉变。
	深度	青贮设施的宽度或直径应小于深度，宽：深为 1：1.5 或 1：2，以利借助青贮自身重力而压紧实，减少空气，保证青贮饲料质量。

（四）青贮方法

首先在青贮前 1~2 周对青贮设施及机具作好贮前准备进行检修，并组织足够人力，以便在尽短时间内完成。青贮操作要点概括起来要做到"六随三要"即随割、随运、随切、随装、随压、随封，连续进行，一次完成；原料要切碎，装填要压实，窖顶要封严。

原料最佳收割期	掌握各种原料的收割期，不但可以收获到最大营养物质产量，而且水分和可溶性碳水化合物含量适当，有利于乳酸发酵，易于调制优质青贮饲料。 根据青贮品质、营养价值，采食量和产量等综合因素的影响，禾本科牧草的最适宜收割期为抽穗期（大概出苗或返青后 50~60 天）。 豆科牧草开花初期最好。 专用青贮玉米（即带穗整株玉米）多采用腊熟末期收获，即在干物质含量为 25%~35% 时收割最好，并选择将在本地初露来临之前能达到蜡熟末期的早熟品种。 兼用玉米（即籽实做粮食或精料，秸秆作青贮饲料的玉米），目前多选用籽实成熟时茎秆和叶片大部分绿色的杂交品种，在腊熟末期及时掰玉米棒后，抢收茎秸作青贮，即在玉米棒成熟，玉米茎叶仅有下部 1~2 片叶黄时，立即收割玉米秸秆青贮。
调节水分	适于乳酸菌繁殖的含水量为 70%，过低不易压实，温度易升高，过湿酸度过大，家畜不喜欢吃。70% 的含水量相当于玉米植株下边有 3~5 片叶子。适时收割时其原料含水量通常为 75%~80% 或更高。要调制出优质的青贮

调节水分	饲料，必须调节含水量。尤其对于含水量过高或过低的青贮原料，青贮时均应进行处理。水分过高的原料，青贮时应晾晒凋萎，使其水分含量达到要求后再行青贮，或混合低水分的植物；而进行秸秆黄贮，则秸秆含水一般偏低，需适当加入水分。 判断水分含量的简易方法：抓一把切碎的原料，用力紧握，指缝有水渗出，但以不下滴为宜。
切短原料	原料的切短和压裂是促进青贮发酵的重要措施。切碎的程度取决于原料的粗细、软硬程度、含水量、饲喂家畜种类和铡切工具等。对牛、羊草食家畜来说，细茎植物切成3~5厘米长即可，对粗茎或粗硬的植物如玉米，向日葵等切成2~3厘米较为适宜；菜叶和幼嫩植物也可增加切入长度或不切短青贮。
装窖必须压实	在装填时必须集中人力、机具、缩短原料在空气中暴露的时间，装窖越快越好。装窖前必须先将窖或塔打扫干净。如窖为土窖，内壁要铺塑料薄膜。在窖底部垫一层10~15厘米厚切短的秸秆或软草，以便吸收青贮汁液。 原料逐层装填摊平，每层装15~20厘米厚即应压实然后继续装填。装填时特别注意碾压靠壁的地方和四角，如此边装边压，一直装满窖并高出窖口70厘米左右。 青贮饲料紧实程度是青贮成败的关键之一，青贮紧实度适当，发酵完成后下沉不超过深度的10%。
封顶盖严	填满窖后，先在上面盖一层切短的（5~10厘米）秸秆或青草（厚约20厘米）再盖塑料薄膜，然后压土厚30~50厘米，覆盖拍实并推成馒头状，以利排水。距窖四周约1.0米处挖排水沟，防止雨水渗入窖内。封窖几天内原料下沉，窖顶土出现裂缝，应及时覆土压实，防止透气漏水。

（五）青贮饲料品质鉴定

青贮饲料品质评定有感官鉴定法和 pH 测定法两种。

感官鉴定	实践中常用感官鉴定法它是采用"看、闻、捏"的方法，通过色、香、味和质地来评定。品质优良的青贮饲料颜色呈黄绿色或青绿色，具有酸香味或水果香味、无异味，手感松散柔软，略湿润、不黏手、茎、叶、花保持原状，容易分辨（表 12）。

表 12　青贮饲料感官鉴定表

品质等级	颜色	气味	酸味	质地、结构
优良	青绿或黄绿，有光泽，近似原来的颜色	芳香水果、酒酸味，给人以舒适感觉	浓	湿润、紧密，叶脉明显，结构完整
中等	黄褐色或暗褐色	有刺鼻醋酸味，香味淡	中等	茎叶花保持原状，柔软，水分稍多
低劣	黑色、褐色或暗黑绿色	有特殊刺鼻腐臭味或霉味	淡	腐烂、污泥状，黏滑或干燥或黏成块，无结构

pH测定	从被测定的青贮料中，取出具有代表性的样品，切短，在搪瓷杯或烧杯中装入半杯，加入蒸馏水或凉开水，使之浸没青贮料，然后用玻璃棒不断地搅拌，使水和青贮料混合均匀，放置 15~20 秒后，将水浸物经滤纸过滤。吸取滤得的浸出液 2 毫升，移入白瓷比色盘内，用滴瓶加 2~3 滴甲基红－溴甲酚绿混合指示剂，用玻璃棒搅拌，观察盘内浸出物颜色的变化。判断出近似的 pH 值，借以评定（表 13）。

表 13　青贮饲料 pH 测定

品质等级	颜色反应	近似 pH 值
优良	红、乌红、紫红	3.8~4.4
中等	紫、紫蓝、深蓝	4.6~5.2
低劣	蓝绿、绿、黑	5.4~6.0

（六）青贮饲料的作用

青贮饲料是羊的一种良好的粗饲料，一般占日粮干物质的 50% 以下，初喂时有的羊不喜欢食，喂量由少到多逐渐适应后即可习惯采食。

开窖饲喂	青贮 60 天后，待饲料发酵成熟、乳酸达到一定的数量、具备抗有害细菌和霉菌的能力后才可开窖饲喂。青贮料的饲喂要注意以下几点：一是发酵有霉变的饲料要扔掉。二是开窖的面积不宜过大，以防暴露面积过大，好氧细菌开始活动，引起饲料变质。三是要随取随用，以免暴露在外面的饲料变质。取用时不要松动深层的饲料，以防空气进入。四是饲喂量要由少到多，使羊逐渐适应。
喂量	青贮饲料的用量，应视动物的种类、年龄、用途和青贮饲料的质量而定。开始饲喂青贮料时，要由少到多，逐渐增加，给动物一个适应过程，习惯后再增加。青贮饲料具有轻泻性，妊娠母羊可适当减少喂量。饲喂青贮饲料后，要将饲槽打扫干净，以免残留物产生异味。

（七）青贮饲料制作新技术

传统青贮制作是采用青贮塔、青贮窖、青贮壕等设施来完成密闭发酵。但上述各种方法均因远距离运输不便，常常发生二次发酵变质，故而不能形成商品，进行流通。近年来，研究成功"包膜青贮"。此方法最大优点可使青贮料产业化生产，其产品可长途运输，商品化进入饲料市场，为奶牛和肉羊生产突破低产瓶颈提供了可靠的物质保证。

自 20 世纪 70 年代中期，国外迅速发展了青贮制作新技术，目前世界上有两种类型的包膜青贮，即圆捆青贮和袋装青贮。包膜青贮时将收割好的青（半干）原料，经揉搓后，用捆扎机高密度压实、扎捆，然后用拉伸塑料薄膜包裹，处于密封状态，在厌氧条件下，完成乳酸发酵。

二十八、青干草的调制与加工

我国北方草地牧草生产，存在着季节不平衡性，表现为夏秋饲草在产量和品种上明显超过冬春（枯草期），给养羊带来严重的不稳定性。因此在夏秋季节牧草生长旺盛期，将牧草收割后进行加工调制、贮藏。解决季节饲料不平衡，对改变靠天养羊和"秋肥、冬瘦、春死"的落后局面具有重要意义。

饲草的加工调制和贮藏包括干草的生产和贮藏、草产品的加工、牧草的青贮以及其他粗饲料的加工调制。

（一）干草的调制

干草调制是把天然草地或人工种植的牧草和饲料作物进行适时收割、晾晒和贮藏的过程。刚刚收割的青绿牧草称为鲜草，鲜草的含水量大多在 50%~80%，鲜草经过一定时间的晾晒或人工干燥，水分达到 15%~18% 时，即称为干草。这些干草在干燥后仍保持一定青绿颜色，因此称青干草。优质干草含有家畜所必需的营养物质，是钙、磷、维生素的重要来源，干草中含粗蛋白质 7%~14%，可消化碳水化合物 40%~60%。

牧草收割适宜时期		确保牧草收割最适收割时期，必须考虑到产草量和可消化物质的含量，即在牧草的一个生长周期内，只有当产草量和营养成分之积（即综合生物指标）达到最高时，才是最佳收割期。
	豆科牧草适宜收割时期	豆科牧草富含蛋白质（占干物质的 16%~22%）及维生素和矿物质、豆科牧草叶片中的蛋白质含量较茎为多，占整个植株蛋白质含量的 60%~80%，因此叶片的含量直接影响到豆科牧草的营养价值。
		豆科牧草的茎叶随生育周期而变化，在现蕾期叶片重量比茎秆重量大，而至终花期则相反。因此收获越晚，叶片损失越多，品质就越差，从而避免叶片量损失也就成了晒制干草过程中需注意的关键问题。
		豆科牧草随着生长期的推进，牧草的产量在逐渐增加直到盛花期达到最高，以后又逐渐降低。

牧草收割适宜时期	豆科牧草适宜收割时期	早春收割幼嫩的豆科牧草对其生长是有害的，会大幅度降低当年产草量，并降低来年牧草的返青率。这是由于根中碳水化合物含量低，同时根冠和根部在越冬过程中受损伤且不能得到很好的恢复所造成的。 另外，北方地区豆科牧草最后一次收割需在早霜来临前一个月进行，以保证越冬前其根部能积累足够的养分保证安全越冬和来年返青。 综上所述，从豆科牧草产量、营养价值和有利于再生等情况综合考虑，豆科牧草的最适收割期应为蕾盛期至始花期。
牧草收割适宜时期	禾本科牧草适宜收割时期	禾本科牧草在拔节至抽穗以前、叶多茎少、纤维素含量低、质地柔软、蛋白质含量较高，但到后期茎叶比显著增大，蛋白质含量减少，纤维素含量增加，消化率降低。 对多年生禾本科牧草而言，总的趋势是粗蛋白质、粗灰分的含量在抽穗前期较高，开花期开始下降，成熟期最低；而粗纤维的含量，从抽穗至成熟期逐渐增加。从产草量上看，一般产量高峰出现在抽穗期—开花期，也就是禾本科牧草在开花期内产量最高，而在孕穗—抽穗期营养价值最高。 因此，兼顾产量，再生性以及下一年的生产力等因素，大多数禾本科牧草在用于调制干草或青贮时，应在抽穗—开花期收割。秋季在停止生长 30 天收割。
收割牧草适宜留茬高度		牧草的收割高度直接影响到牧草的产量和品质，还会影响来年牧草的再生速度和下一年的产量。一般对一年只收割一茬的多年生牧草来讲，收割留茬高度可适当低些。实践证明，留茬高度为 4~5 厘米时，当年可收获较高产量，且不会影响越冬和来年再生草的生长；而对一年收割 2 茬以上的多年生牧草来讲，每次留茬高度适当高些，宜保持在 6~7 厘米，以保证再生草的生长和越冬。 机械割草时，当时的风力风向都可影响留茬高度，从而影响牧草的产量。当风力达到 5 级以上时，应该停止割草。逆风割草时留茬较低，牧草损失较小，顺风割草时牧草的损失较大。 对于大面积牧草生产基地，一定要控制好每次收割时的留茬高度，留茬过高不仅降低产草率，而且枯死的茬会混入到牧草中，严重影响牧草品质，降低牧草等级，直接影响牧草生产的经济效益。 在气候恶劣，风沙较大或地势不平的草地上收割，留茬可提高到 8~10 厘米，以保持水土防止沙化，但不宜超过 15 厘米。

（二）牧草在干燥过程中的变化

水分含量		牧草收割以后，起初植物体内水分散失很快，同时各部位失水的速度基本上是一致的，这一阶段的特点是从植物体内部散发掉游离水。在晴朗天气，牧草的含水量从 80%~90% 降低到 45%~55%，需要 5~8 小时。采用地面干燥法时，牧草在地面干燥的时间不应过长。当禾本科牧草含水量散失水的速度越来越慢，这一个阶段散失体内的结合水，牧草含水量由 45%~55% 降到 18%~20%，需要 24~48 小时。
营养物质的变化	第一阶段	在自然条件下晒制干草时，营养物质的变化需先后通过两个复杂的过程；首先是生理——生化过程。牧草被收割后，牧草的细胞并未立即死亡，短时期的同化作用仍在微妙进行，但收割后牧草与根分离，营养物质供应中断，由同化作用转为分解作用，而且只能分解牧草体内的营养物质，导致饥饿代谢。水分减少到 40%~50% 细胞死亡，呼吸停止。这一时期牧草体内总糖分含量下降，少量蛋白质被分解成以氨基酸为主体的氧化物，部分氨化物转化为水溶性氨化物，而且降低了络氨酸、精氨酸，增加了赖氨酸和色氨酸，这一阶段称为牧草干燥前期或者饥饿代谢阶段。
营养物质的变化	第二阶段	第二阶段称为生化过程，这种在死细胞中进行的物质转化过程称为自体溶解阶段。这一时期碳水化合物几乎不变，但蛋白质的损失和氨基酸的破坏，随这一时期的拖长而加大，特别是牧草水分较高时（50%~55%）。另外，在体内的氧化酶的破坏和阳光漂白作用下，一些色素因氧化而破坏，胡萝卜素损失达 50% 以上，这个阶段称为牧草干燥后期或者自身溶解阶段。
干草调制过程中养分的损失		牧草在干燥过程中，造成养分损失的因素很多，归结起来有机械作用引起的损失，暴晒造成的损失，雨淋损失和微生物作用引起的损失等。
干草调制过程中养分的损失	机械作用损失	在晒制过程中，要进行搂草、翻草、搬运、堆垛等一系列作业，牧草叶片、嫩茎、花絮等细嫩部分易折断、脱落而损失。一般禾本科牧草损失约 2%~3%，豆科牧草损失最大为 15%~35%。如苜蓿损失叶片占全重的 12% 时，其蛋白质的损失约占总蛋白质含量的 40%，因叶片中蛋白质的含量远远超过茎的含量。机械作用造成损失的多少与牧草种类，收割时期及干燥技术有关。

干草调制过程中养分的损失	机械作用损失	为了减少机械损失，应适时收割，在牧草细嫩部不易折断脱落时积成各种草垄或小草堆进行干燥。干燥的干草进行压捆，应在早晨或傍晚进行。
	日晒损失	晒制干草时，阳光直射的结果是牧草体内所含的胡萝卜素、叶绿素和维生素 C 等，均因光合作用的破坏而损失很多，其损失程度与日晒时间长短和调制方法有关。据试验，不同的调制方法，干草中保留的胡萝卜素含量不同，例如，刚割下的鲜嫩草为 163 毫克 / 千克，人工干燥为 135 毫克 / 千克，暗中干燥为 91 毫克 / 千克，在散射阳光（阴干）下干燥的为 64 毫克 / 千克，在干草架上干燥为 54 毫克 / 千克，草堆中干燥为 50 毫克 / 千克，草垄中干燥为 38 毫克 / 千克，平摊地面上干燥的仅含 32 毫克 / 千克。
	雨淋损失	晒制干燥时，最忌雨淋。雨淋会增加牧草的湿度，延长干燥时间，从而由于呼吸作用的消耗而造成营养的损失和对干草造成的破坏作用，重要发生在干草水分下降到 50% 以下，细胞死亡以后，这时原生质的渗透性提高，牧草体内酶的活动将各种复杂的养分水解成较为简单的可溶性养分，它们能自由地通过死亡的原生质膜而流失，而且这些营养物质的损失主要发生在叶片上，因叶片上的易溶性营养物质接近叶表面。
青干草调制养分损失综述		死亡的牧草是微生物发育的良好培养基。在阴雨时，就会发生干草发霉现象，发霉的干草品种降低，不能饲喂家畜，因易引起家畜患肠胃病或流产等。 在牧草干燥过程中总损失量里，以机械作用造成的损失最大，可达 15%~20%，尤其是豆科干草叶片脱落造成的损失；其次是呼吸作用消耗造成的损失 10%~15%，由于酶的作用造成的损失 5%~10%；由于雨露等淋洗溶解作用造成的损失则为 5% 左右。 总之，优质干草应该适时收割，含叶量丰富，色绿而具有干草特有的芳香味，不混杂有害有毒物质，含水分在 17% 以下，这样才能抑制体内酶和微生物的活动，使干草能长期贮存而不变化。

（三）干草的调制方法

根据干草调制的基本原理，在牧草干燥过程中，必须掌握以下基本原则：尽量加速牧草的干燥，缩短干燥时间；要避免雨水淋溶；干燥末期应力求牧草各部分的含水量均匀；尽量避免在阳光下暴晒；采草、聚堆、压捆等作业，应在牧草细嫩部分尚不易折断时进行。

牧草干燥方法的种类很多，但大体可分两类，即自然干燥法和人工干燥法。

自然干燥法	自然干燥法主要有地面干燥法，牧草收割后就地干燥4~6小时，使其含水量降到40%~50%时，用搂草机搂成草垄继续干燥。当牧草含水量降至35%~40%，牧草叶片尚未脱落时，用集草器集成草堆，经2~3天可达完全干燥。 豆科牧草在叶片含水分26%~28%时叶片开始脱落，禾本科牧草在叶片含水量为22%~23%，即牧草的全株含水量在35%~40%以下时，叶片开始脱落。为了保存营养价值高的叶片，搂草和集草作业应在叶片尚未脱落以前，即牧草含水量不低于35%~40%时进行，我区收割牧草正值雨季，应使牧草迅速干燥。
人工干燥法	人工干燥时使水分加速牧草的失水速度。目前常用的人工干燥有鼓风干燥法和高温快速干燥法。鼓风干燥法是把收割后的牧草压扁并在田间预干到含水50%时，装在设有通风道的干草棚内，用鼓风机或电风扇等鼓风装置进行常温鼓风干燥。 高温快速干燥法是将鲜草切短，通过高温气流，使嫩草迅速干燥。干燥时间的长短，决定于烘干机的类型，从几小时到几分钟，甚至数秒钟，牧草的含水量从80%~85%下降到15%以下。接着将干草粉碎制草粉或压制成颗粒饲草。 有的烘干机入口温度为75~260℃，出口温度为25~160℃，也有的入口为420~1160℃，出口为60~260℃，最高入口温度可达1 000℃，出口温度下降20%~30%。虽然烘干机中热空气温度很高，但牧草的温度很少超过30~35℃。人工干燥法使牧草的养分损失很少。但是烘烤过程中，蛋白质和氨基酸受到一定破坏，而且高温可破坏青草中的维生素C、胡萝卜素的破坏不超过10%。

人工干燥法	在生产中，也可将收割后的鲜草在田间晾晒一段时间，当鲜草含水量降到某种程度，因天气条件不允许继续晾晒下去，或因空气湿度较大，不可能将水分降到安全水分时，再将这些干草进行人工干燥，并加工成所需的草产品。这种方法的优点是，烘干时所耗能量较少，固定投资和生产成本均较低。这一方法适合在降水量 300~650 毫米的地区使用。 　　另外还有压裂牧草茎秆，双草垄速干法，豆科牧草与作物秸秆分层压扁法和使用化学制剂加速田间牧草（豆科）的干燥等加速牧草干燥的方法。

（四）干草的贮藏

干草的贮藏是牧草生产中的重要环节，可保证一年四季或半年干草均衡供应，保持干草较高营养价值，减少微生物对干草养分的分解作用。干草水分含量的多少对干草贮藏成功与否有直接影响，因此在牧草贮藏前应对牧草的含水量进行判断。生产上大多数采用感官判断法来确认干草的含水量。

含水量的判断	当调制好的干草水分达到 15%~18%，即可进行贮藏。为了长期安全地贮存干草，在堆垛前，应使用最简便的方法判断干草所含的水分，以确定是否适于堆藏。 　　其方法如下。 　　1. 含水分 15%~16% 的干草，紧握发出沙沙声或破裂声（但叶片丰富的低矮牧草不能发出沙沙声）将草束搓拧或折曲时草茎易折断，拧成的草辫松手后几乎全部迅速散开，叶片干而卷。禾本科草节干燥，呈深棕色或褐色。 　　2. 含水量 17%~18% 的干草，握紧或揉搓时无干裂声，只有沙沙声，松手后干草束散开缓慢且不完全。叶卷曲，当弯折茎的上部时，放手后仍保持不断，这样的干草可以堆藏。 　　3. 含水分 23%~25%，紧握干草束时，不发出清除的声音，容易拧成紧紧而柔韧的草辫，搓拧或弯曲保持不断。不适于堆垛贮藏。 　　4. 含水分 23%~25% 的干草搓揉没有沙沙声，搓揉成草束时不易散开。手插入干草有凉的感觉。这样的干草不能堆垛保藏，有条件时，可堆放在干草棚或草库中通风干燥。

干草在贮藏中的变化	当干草含水量达到要求时，即可进行贮藏。在干草贮藏10小时后，草堆开始发酵，温度逐渐升高。草堆内温度升高，主要是微生物活动造成的。干草贮藏温度升高是普遍现象，即使调制良好的干草，贮藏后温度也会上升，常常达到44~50℃。适当的发酵，能使草垛自行紧实，增加干草香味，提高干草的利用价值。 不够贮藏条件的干草，贮藏后温度逐渐上升，如果温度超过适当界限，干草中的营养物质就会大量消耗，消化率降低。干草中最有益的干草发酵菌在40℃时最活跃，温度上升到75℃时被杀死。干草贮藏后的发酵作用，将有机物分解为CO_2和H_2O。草垛中这样积存的水分会由细菌再次引起发酵作用，水分越多，发酵作用越盛。初次发酵作用使温度上升到56℃，再次发酵作用使温度上升到90℃，这时一切细菌都会被消灭或停止活动。 细菌停止活动后，氧化作用继续进行，温度增高更快，温度上升到130℃时干草焦化，颜色变褐；温度上升到150℃时，如有空气接触，会引起自燃而起火。如草堆中空气耗净，则干草炭化，丧失饲用价值。 草堆中温度过高的现象往往出现在干草贮藏初期，在贮藏一周后，如发现草垛温度过高，应拆开草垛散温，使干草重新干燥。 草垛中温度增高引起的营养物质损失，主要是糖类分解为CO_2和H_2O，其次是蛋白质分解为氨化物。温度越高蛋白质的损失越大，可消化蛋白质越少。随着草垛温度的升高，干草的颜色变的越深，牧草的消化率越低。研究表明，干草贮藏时含水量为15%时，其堆藏后干物质损失为3%；贮藏时含水量为25%时，堆贮后干物质损失为5%。
干草垛贮方法综述	当散干草的含水量大15%~18%时即可进行垛藏。垛藏有长方形草垛和圆形草垛。长方形草垛一般宽4.5~5米，高6~6.5米，长不小于8米；圆形草垛一般直径4~5米，高6~6.5米。为防止干草与地面接触受潮变质。必须选择高燥地方堆垛，底部应基垫用砖石或木材搭建，其高度不低于25厘米，垛底周围挖排水沟，沟深25~30厘米，沟底宽20厘米，沟上宽40厘米。 垛草时要一层一层地垛起，长方形垛要从两端开始，并开始保持中部隆起高于周边，以便排水。堆垛过程中要压紧各层干草，特别是草垛中部和顶部。从草垛全高的1/2或2/3处开始逐渐放宽，使各边宽于垛底0.5米，以利于排水和减轻雨水对草垛的漏湿。为了减少风雨损害，长方形垛的窄端必

干草垛贮方法综述	须对准主风方向，水分较高的干草堆在草垛四周靠边处，便于干燥散热。气候潮湿的地区，垛顶应较尖，干旱地区则垛顶坡度可稍缓。垛顶可用劣质草盖压紧，最后用树干或绳索等重物压住，预防风害。散干草的堆藏经济节约，但易受雨淋、日晒、风吹等不良条件影响，使干草褪色，不仅损失营养成分，还会造成干草霉烂变质。 　　干草捆体积小、密度大，便于贮藏，一般露天堆垛，顶部加防护层或贮藏干草棚中。干草棚贮藏可减少营养物质的损失，在其中贮藏的干草，营养物质损失 1%~2%，胡萝卜素损失 18%~19%。

（五）干草的质量鉴定和分级

　　一般认为，根据干草堆各种家畜的消化率来确定其营养价值最合理；根据干草的化学成分含量也可以粗略地评定干草的营养价值。干草品质鉴定分为化学分析与感官判断两种。在生产实践中，由于条件的限制，多数采用简便易行的方法。

　　在生产中常用感官判断，它主要依据下列五个方面粗略地对干草品质作出鉴定。

颜色气味	干草的颜色是反映品质优劣最明显的标志。优质干草呈绿色，绿色越深，其营养物质损失越小，所含可溶性营养物质、胡萝卜素及其他维生素越多，品质越好。适时收割的干草都具有浓厚的芳香气味，这种香味能刺激家畜的食欲，增加适口性。 　　如果干草有霉味或焦灼的气味，说明其品质不佳。
叶片含量	干草叶片的营养价值较高，所含蛋白质比茎秆中多 1~1.5 倍，胡萝卜素多 10~15 倍，维生素多 1~2 倍，消化率高 40%，因此，干草中叶片多，品质就好。鉴时取一束干草，看叶片量多少，禾本科牧草叶片不易脱落。优质豆科牧草干草叶片量应占总量的 50% 以上。
牧草形态	适时收割调制是影响干草品质的重要因素，初开花期或以前收割时，干草中含有花蕾，未结实花絮的枝条也较多，叶量丰富，茎秆质地柔软，适口性好，品质佳。 　　若收割过迟，干草中叶量少，带有成熟或未成熟种子的枝条数目多，茎秆坚硬，适口性、消化率下降，品质变劣。

牧草组分	干草中各种牧草的比例也是影响干草品质的重要因素，优质豆科牧草或禾本科牧草占有比例大时，品质较好，而杂草数目多时品质较差。
含水量	干草的含水量应为 15%~17%，含水量在 20% 以上，则不利于贮藏。
病虫害情况	由病虫害侵害过的牧草调制成的干草，其营养价值较低，且不利于家畜健康。鉴定时抓一把干草，检查叶片、穗上是否有病斑出现，是否带有黑丝粉末等，如发现有病症，则不能饲喂家畜。

（六）青干草的加工

牧草打捆	为了保证干草的质量，常把干燥到一定程度的干草打成干草捆来运输和贮藏，在压捆时必须掌握好其含水量，一般认为，比贮藏干草的含水量略高些，就可压捆。在较潮湿地区适于打捆的牧草含水量为 30%~35%；干旱地区为 25%~30%。根据打捆机类型不同打成的草捆分为小方捆、大方捆和圆柱形三种不同形状的草捆。 为了减小草捆体积，远距离运输减轻费用，还需进行二次打捆，即把两个或两个以上的低密度（小方草捆）草捆的压缩成一个高密度紧实草捆。二次捆时要求干草捆的水分含量 14%~17%，如果含水量过高，压缩后水分难以蒸发，容易造成草捆变质。大部分二次打捆机在完成压缩作业后，便直接给草捆打上纤维包装膜至此一个完整的干草产品制作完成。可直接贮存或销售了。
草粉	干草体积大、运输、贮存和饲喂均不方便，且损耗较大，若加工成草粉既可克服上述弊端又可与精料混合搅拌饲喂，使羊获得较全面的营养。草粉细度是由不同筛片的孔径来控制的。粉碎干草是压制草颗粒和实施 TMR 饲养技术的前奏工序。
草颗粒	为了缩小体积，便于贮藏和运输，可以用制粒机把干草压制成颗粒状，内蒙古乌盟畜牧科研究所用了三年时间于 1984 年研制成功了"9LKS-1000型流动颗粒饲草加工机组"配有专用移动电源，由拖拉机或汽车牵引，实现流动作业。减少饲草（秸秆）大体积、运输成本、该机组可一次按配方完成饲草粉碎，加配精料及添加剂等，到颗粒饲草出机的全部工艺流程。

草 颗 粒	对广泛开发利用边远无电地区的饲草料资源，提高饲草料的利用率和饲喂适口性，都有显著效果。为解决牧区饲草加工、运输、贮存，以丰补歉等问题，提高牧区抗灾保育能力，开辟了新途径，提供了新型机械。 颗粒直径 0.6~0.8 厘米，长度 0.8~2.0 厘米，颗粒密度约为 700 千克 / 米³，含水量 12%~13%。
草 块	牧草压块加工分为田间压块，固定压块和烘干压块三种类型。田间压块是由专门的干草收获机械——田间压块机完成的，能在田间直接捡拾干草并制成密实的草块产品，产品密度为 700~850 千克 / 米³。压制成的草块大小为 30 毫米 × 30 毫米 ×（50~100）毫米。 固定压块是由固定压块机强迫粉碎的干草通过挤压钢模形成，3.2 厘米 × 3.2 厘米 ×（3.7~5 厘米）的干草块，密度为 600~1 000 千克 / 米³。 烘干压块由移动式烘干压饼机完成，由运输车运来牧草并切成 2~5 厘米长的草段，由输送器输入干燥滚筒，使水分由 75%~80% 降至 12%~15%，干燥后的草段直接进入压饼机压成直径 55~65 毫米，厚约 10 毫米的草饼，密度为 300~450 千克 / 米³，草块压制过程中可根据家畜需要加入添加剂等。

二十九、提高秸秆饲料利用价值的加工方法

秸秆指农作物籽实收获后剩余的茎秆和残留的叶片。我国共有 30 余种。秸秆是数量最大的一种农业生产副产品，其产量一般按籽实：秸秆之比为 1∶（1~1.2）来估测，我国农村农作物年产量为 7 亿 ~8 亿吨。

我国在秸秆利用方面存在很大浪费，大部分秸秆主要被用作燃料、造纸原料和秸秆还田，或者被焚烧白白浪费，用于家畜饲料还不足 30%。因此，通过各种加工方法提高秸秆的营养价值和适口性，充分利用这部分资源，对于缓解我国饲料供应紧张的矛盾具有重要意义。

秸秆加工调制方法有：物理学处理法、化学处理法和微生物处理法等。这几种方法处理秸秆时，并不是彼此独立进行，往往是两种或三种方法结合进行。

（一）秸秆的物理法处理

它是用机械方法包括切搓碎或粉碎、浸泡、蒸煮、碾青和热喷等。

切碎及粉碎	粉碎可使秸秆横向和纵向结构都遭到破坏，扩大了瘤胃液与秸秆内营养物的作用面积，提高秸秆消化率。而切短仅在横向进行，表皮角质层和硅细胞未遭到破坏，因而不能使秸秆消化率提高。对羊而言，粉碎的适宜长度为 0.7 厘米左右。如果粉碎过细羊咀嚼不全，唾液不能充分混均匀，秸秆粉在瘤胃内形成食团，易引起反刍停滞，同时加快秸秆通过瘤胃的速度，秸秆发酵不全，降低了秸秆的消化率。 切短——将秸秆切短加工调制秸秆最简便而又重要的方法，是进行其他加工的前处理。秸秆切短后可减少咀嚼时能力的消耗，同时增加瘤胃微生物对秸秆的接触面积，提高通过消化道速度，采食量可增加 20%~30%，故有"寸草侧三刀，无料也上膘"和"细草三分料"的谚语。秸秆切短的程度，羊 1.5~2.6 厘米，老弱幼育可更短些。
浸泡	秸秆切短后，用清水或淡盐水浸泡，其方法是，在 100 千克水中放入食盐 3~5 千克，将切短秸秆分批在池内或桶内浸泡 24 小时左右。 浸泡的目的是软化秸秆，便于采食，增强适口性，提高采食量，并可清洗掉秸秆上的泥土等杂物。但用此法调制的饲料，水分含量不能过大，应按饲喂量处理，浸后 1 次喂完。

浸泡	浸泡过秸秆喂前也可用糠麸或精料调味，每 100 千克秸秆加入糠麸或精料 3~5 千克，如再加入 10%~20% 优质玉米或禾本科牧草、酒糟、甜菜渣等效果更好。但切记再补饲食盐。
蒸煮	蒸煮可降低纤维素的结晶度，软化秸秆增加适口性，提高消化率。其方法是：在 90℃下蒸煮 1 小时即可。有的地方也有用熟草喂养的习惯，方法是：将切碎的秸秆加少量豆饼和食盐煮 30 分钟，凉后取出喂羊。或将切碎的秸秆与胡萝卜混合放入铁锅内，锅下层通有气管壁上洞眼，锅上覆盖麻袋，由气管通入蒸气蒸 20~30 分钟，经 5~6 小时后取出喂羊。
膨化	膨化是秸秆、夹壳饲料置于密闭的容器内，膨化机内的高温、高压作用下，秸秆中的木质素已是熔化状态，细胞间结构薄弱。然后迅速减除压力，使饲料暴露在空气中膨胀，细胞间以及细胞内部高压蒸汽就急速向外扩散，从而撑破细胞壁，使细胞壁变疏松，秸秆变动柔软，有利于提高秸秆的消化率。 膨化处理要在膨化机内进行，内蒙古畜牧科学院研制的热喷机是我国较新的膨化机械，膨化效果较好。
制粒	将秸秆、秕壳和干草等粉碎，按照配方加精料及添加剂通过制粒机压成颗粒饲料。内蒙古乌盟畜牧科研所 1985 年研制成功的"9LKS-1000 型流动式颗粒饲草加工机组"。在秸秆集中的地方可从粉碎、配料、制粒、烘干一次完成出机。
碾青	碾青是在晒场上，先铺上约 30 厘米厚的秸秆，再铺约 30 厘米的苜蓿，然后再在苜蓿上铺约 30 厘米厚和秸秆，用碌或镇压器碾压，把苜蓿压扁，汁液流出后被秸秆吸收，再晒 1 天左右即可贮存，这样既可缩短苜蓿干燥时间，减少养分损失，又可提高秸秆的营养价值和利用率。

（二）化学方法

秸秆的化学处理就是通过添加一定比例碱、氨或尿素等化学溶液于秸秆饲料中，在常温封闭的条件经过一定时间处理，以提高秸秆的饲用价值的过程。主要有氨化处理和碱化处理。

石灰法	石灰法——石灰处理秸秆时氢氧化钙的含量不能低于90%。用1千克生石灰或3千克熟石灰，1~1.5千克食盐，加水200~250千克制成溶液，用此溶液浸泡100千克切碎5~10毫米的秸秆，然后捞出压实，放置2~3小时后饲喂。经石灰处理后的秸秆消化率提高15%~20%。羊的采食增加20%~30%。石灰处理后秸秆中钙的含量增加、钙、磷比例达到（4~9）:1饲喂时注意补磷。
氨化法	氨化法是目前在农村最常用的一种方法。目前，处理秸秆所用的氨有气氨、液氨和固氨三种，但多数用液氨。氨化的关键是要求水分含量适宜，密封不透气。氨化时，氨溶于水，形成氢氧化铵，使秸秆软化，细胞壁膨裂。同时，氨与秸秆中的有机物作用，形成含氮络合物。
氨化优点	① 提高了秸秆的粗蛋白质含量。经氨化（无水氨和氨水）处理的秸秆，可使秸秆的粗蛋白质含量提高4%~6%。 ② 提高羊对秸秆的采食量。一般采食量可提高20%~40%。处理后的秸秆软化，具有糊香味，适口性增加，蛋白质含量提高，所以采食量加大，消化率提高。 ③ 提高秸秆消化率。氨化秸秆比未氨化秸秆消化率高10%~30%，从而使秸秆中潜在的部分营养物质能够被羊利用。氨化后麦秸消化率平均提高6.1%以上，而粗蛋白含量也提高4.7%以上，其中小麦秸氨化的效果比其他麦秸好。研究表明，绵羊对用5%液态氨化玉米秸秆、稻米、小麦秸、燕麦秸、大麦秸的干物质消化率分别为60%、56%、50%、55%、55%。而未氨化前的消化率分别为：52%、42%、36%、47%、43%。 ④ 杀死病虫害。氨化处理可杀死秸秆上的一些虫卵和病菌，减少家畜疾病，并能使含水量30%左右的秸秆得以保存。另外，氨化处理可使秸秆中夹杂的杂草种子丧失发芽力，从而起到控制农田杂草的作用。 ⑤ 成本低，投资少，操作方法简便易行，群众容易接受。
氨化缺点	氨的利用率较低，仅50%左右，其余的氨在打开氨化设施后进入空气，造成一定污染，对动物和人的健康都有一定危害。无水氨和氨水用于粗饲料氨化，价格低廉，但体积大，贮存与运输不便，氨化时损失大，故现在应用得比以前少。

可氨化的原料	目前用于氨化的原料主要有禾本作物秸秆及牧草，如麦秸（大麦秸、小麦秸、燕麦秸）、玉米秸、稻草及老芒麦等，此外还有向日葵秆、油菜秆及其他作物秸秆。所用的秸秆必须没有发霉变质，最好将收获籽实后的秸秆及时处理。
氨化的含水量	水是氨的载体，含水量过低，水都吸附在秸秆上，没有足够的水充当氨的载体；含水量过高，不但因开窖后需延长晾晒时间，而且由于氨浓度的降低引起秸秆发霉变质，再者秸秆含水量过高，对于提高氨化效果没有明显作用。 氨化饲料原料的含水量一般以 25%~35% 为宜。 但是一般秸秆的含水量为 10%~15%，进行氨化时不足的部分加水调整。加水量可用下列公式计算。 $$X = \frac{G \times (A-B)}{1-A}$$ 式中：X——秸秆中加水量（千克） A——氨化秸秆的理想含水量（千克） B——秸秆原始含水量（千克） G——氨化所用秸秆量（千克） 例：欲氨化含水量为 12% 的小麦秸秆 1 000 千克，要求是麦秸的含水量为 35%，需另外加水量为： $$X = \frac{1\,000 \times (35\%-12\%)}{1-35\%} = 353 \text{ 千克}$$ 加水时可将水均匀地喷洒在秸秆上，然后装入氨化设施中；也可在装窖时洒入，由下向上逐渐增多，以免上层过干，下层积水。 秸秆湿度不同，氨的浓度不同，氨化秸秆的消化率不同。
氨化化学药品及用量	氨化用化学药剂的种类很多，如：氨水（$NH_3 \cdot H_2O$）、无水氨或液氨（NH_3）、尿素[$CO(NH_2)_2$]、碳酸氢铵（NH_4HCO_3）等，用量因种类不同而不同（表 14）。

表 14　氨化用量表

化学药品	尿素 [$CO(NH_2)_2$]	氨水				无水氨 或液氨 （NH_3）	碳酸氢氨 （NH_4HCO_3）
		25%	22.5%	20%	17.5%		
用量 （占风干重 %）	2~5	12	13	15	17	3~5	4~5

氨化化学药品及用量		氨化可采用氨化池（窖）法，也可采用堆垛法。 一般要求和方法： ① 氨化秸秆的含水量应达到 20%~30%。 ② 可在壕、窖或塑料容器内进行，也可堆垛处理。 ③ 在平坦地上平铺厚 0.15 毫米，长宽各 6 米的聚乙烯塑料布，码放草捆，每边塑料布留出 70 厘米，用于叠边部封口。秸秆垛体为 4.6 米 × 4.6 米 × 2.1 米，重量为 2~4 吨。盖顶塑料布为 10 米 × 10 米，将秸秆垛严密地包裹起来。 ④ 氨水或无水氨气通过前部带孔的管子从堆或捆的几个点注入，或用倾倒氨水法。将装有氨水的瓶子放入密封的秸秆中推翻，氨迅速挥发向四周扩散，氨与秸秆发生氨化作用。氨水瓶在秸秆中放置位置也应根据氨水的扩散半径而定。 ⑤ 氨气用量每吨秸秆为 30~35 千克；无水氨易挥发，其扩散半径为 2~2.5 米。运输和贮存必须使用专门设备。氨用量一般为风干秸秆重量的 3%~5%，未与秸秆发生反应的多余氨以游离子存在于秸秆中，一般用氨枪注入，氨枪插入位置距离秸秆底部 0.2 米。若离底部太高，底部秸秆不能与氨接触，难以起到氨化作用，这是因为液氨进入秸秆向上扩散的缘故。 ⑥ 氨的用量依浓度变化而不同，所以购买氨水时应根据氨化秸秆数量和氨水浓度确定购买量。据河北张氏介绍氨化 1 000 千克小麦秸，若市售氨水浓度为 25% 时，需购买此浓度氨水 120 千克。浓度低于 17% 的氨水，不能用于秸秆氨化。 氨气或氨水导入垛内后，将管子抽出，并把塑料布上的孔扎紧或用胶带封严，严防漏气，并注意人、畜安全。
影响氨化效果因素	氨的用法	氨用量一般为秸秆干物质的 3%~4%。在不超过秸秆干物重量的 5% 时，氨用量与氨化秸秆的消化率呈正比。
	环境温度	一般在 25℃ 以上的环境中进行氨化，才能最大程度提高氨化秸秆的含氮量。在时间相同时，氨化效果随温度提高而改进。试验证明，夏季（38℃）氨化麦秸比冬季（7℃）氨化的麦秸，粗蛋白质含量高 83%，日粮干物质消化率提高 12%，采食量提高 19.3%。

影响氨化效果因素	氨化时间	氨化时间的长短依据气温而定，气温越高，完成氨化时间越短。温度保持在 20℃以上，暖季 1 周，冷季 1 个月即可"熟化"利用。
氨化品质检验		氨化秸秆感官品质检验的内容：质地——氨化秸秆柔软蓬松，用手紧握没有明显的扎手感；颜色——氨化后的麦秸为杏黄色，氨化玉米秸秆为褐色；pH 值——氨化秸秆偏碱性 pH 值为 8.0 左右，未氨化的秸秆偏酸性。pH 值为 5.7 左右。
		发霉情况——一般氨化秸秆不易发霉，若发现氨化秸秆大部分已发霉时，则不能用于饲喂家畜；气味——成功的氨化秸秆有糊香味和刺鼻的氨味，氨化玉米秸既具有青贮的酸香味，又有刺鼻的氨味。
		另外，化学分析法和生物技术法也逐步被生产者使用。

（三）秸秆尿素法

这种方法实际上属于氨化秸秆范围，但由于操作简单，便于应用，特将其单独列出。

秸秆上存在脲酶，当尿素溶液喷洒在秸秆上并将其封存一段时间，尿素被脲酶分解成产生氨，对秸秆产生氨化作用。尿素用于秸秆氨化，由于释放氨的速度较慢，故可节省氮源，同时使用安全方便。尿素用于秸秆氨化添加量，冬季为秸秆重量的 3%，夏季为 5.5%，加水为秸秆的 52%~62%。

添加尿素压制颗粒饲料：将秸秆粉碎后，加全部日粮总氮量 30% 的尿素、糖蜜［加尿素糖蜜之比为 1∶（5~10）］，以及精料，维生素和矿物质。该颗粒饲料粗蛋白质含量高，适口性好，可缓解氨在瘤胃中的释放速度，防止氨中毒。并能降低饲料成本和节省蛋白质饲料。

另外，也可按每千克秸秆加 50 克尿素计算，配制成浓度为 5% 尿素溶液喷洒秸秆，然后用塑料布覆盖或封存在水泥窖中，封存时间根据环境温度确定。

用尿素氨化的时间要比一般氨时间长 5 天左右，因尿素首先是在脲酶的作用下，水解释放氨的时间约需 5 天。当然脲酶的作用时间于温度高低有关，温度越高脲酶的作用时间越短。只有释放出氨后才能真正起到氨化的作用。

用尿素做氨源释放氨的适宜温度是 25~30℃，但内蒙古地从 11 月至翌年 3 月，日平均温度都在 0℃以下（最低 -25℃），因此氨化只能在 4—10 月进行。

要解决低温季节氨化可采用火灶炕氨化池秸秆氨化，解决北方寒冷地区冬季秸秆氨化难题问题，而且该方法安全可靠时间短、效果好，经一周的氨化后即可饲喂，氨化地点地面积小，节省投资，所用燃料来源广泛，费用低。室内外修建均可，但原则上要地势高，背风向阳，取运方便，便于管护。

池底用砖砌好，水泥打光面。池的四周用砖砌好，池壁内周围用水泥打光，池壁外围夹一层 5 厘米厚泡沫层保温，一侧中间留插温度计小孔。

火道法如同北方火炕火道，在灶口对应一端口建一大烟囱，高 3 米左右。

装池方法：首先秸秆铡短 2~3 厘米，用料比例，秸秆 100 千克、水 30 千克、尿素 4 千克。以氨化后秸秆含水量达 50% 为宜。将尿素用 40℃水中溶解后，均匀喷在秸秆上入池、踩实。高出池口 20~30 厘米中间封成屋脊形，然后用塑料薄膜盖好封严。塑料薄膜上用黄土压实封严，有利于保温，防止氨气挥发。

加温和氨化时间：装好池后即可生火，燃料可用锯末树枝叶，废杂草等。以文火加温为宜，禁止用烈火，以防秸秆烧焦。当池内温度升高到 30℃时可停火，同时关闭灶门。当温度升到 30~40℃时，焖一周后，即可开池利用。

（四）生物法

在秸秆饲料利用中，虽然秸秆青贮、氨化都是世界公认的秸秆加工的好方法，但青贮的季节性强，存在与农争时间的矛盾，而秸秆氨化时所用的氨源为尿素，液氨等价值高，存在着与农争肥矛盾。

秸秆的生物法就是利用乳酸菌、酵母菌等有益微生物和酶，在适宜的条件下，分解秸秆中难于被羊消化利用的部分，增加菌体蛋白、维生素（主要是 B 族维生素）及其他对羊有益的物质，并可软化秸秆、改善口味、提高适口性。新疆农科院微生物研究所等单位试制成功木质素纤维分解菌和有机酸混合制成。据麦秸微贮后测试蛋白质提高 10.7%，干物质体内消化率提高 24%，采食量提高 20%~40%。

微贮方法。

作物秸秆微贮是对秸秆进行物理、化学、生物处理的综合处理，即将经过铡短、晒干、粉碎等处理后的秸秆或低质牧草。利用人工筛选培养出来的专用优良菌种在适宜的厌氧环境下对其进行高效发酵，对其中的纤维素，尤其对于木质素进行分解，提高秸秆的消化率、提高蛋白质、维生素含量。改善适口性，从而提高综合品质。

微贮是近年来发展起来的新技术。微贮饲料可使羊的采食量增加 20%~40%。青的或干的秸秆都能微贮。

微贮制作方法	**做窖**	微贮窖可在取用方便、土质坚硬、排水性良好、离地下水位至少50厘米的地方挖土窖，或用砖水泥砌成永久性窖。土窖在装窖前要先在窖底和四周铺上一层塑料薄膜。
	原料	麦秸、豆秸等最好经过粉碎后微贮，青玉米秸铡短长度不超过2厘米为宜。秸秆切的越碎，越有利于窖内压实和隔绝空气（活杆菌为厌氧菌），窖贮效果也越好，羊采食利用率也越高。
	菌种复活	菌种复活——按照说明发酵用的活干菌复活。将3克活干菌溶于2千克自来水中，在常温下静置2小时。有条件的先加20克白糖于水中充分溶化，然后再加入活干菌溶解，静置2小时，可提高菌种复活率。 菌液配制——将复活的菌液再根据处理秸秆的用菌量及水量，将复活的菌剂加入到浓度为0.9%的含盐水中，混匀食盐水及菌液量的计算见下表（表15）。配制好的菌液不能过夜。 **表15　食盐水及菌液量计算表** 表格见下

表15　食盐水及菌液量计算表

秸秆种类	秸秆重量（千克）	发酵活菌（克）	食盐用量（千克）	自来水用量（升）	贮量含水量（%）
稻麦秸秆	1 000	3.0	9~12	1 200~1 400	60~70
玉米秸秆	1 000	3.0	6~8	800~1 000	60~70
青玉米秸秆	1 000	1.5		适量	60~70

装窖方法	装窖——将粉碎或铡好处理的秸秆（2~3厘米）在窖铺放20~30厘米厚，均匀喷洒菌液水并压实后，按装入秸秆量的0.5%左右均匀地撒放一层粉碎玉米或麸皮促进发酵。重复上述做法和过程，直至秸秆装入量高出窖口40厘米以上，压实，并按250克/米²量均匀撒一层食盐防霉，用塑料薄膜覆盖，再覆盖上15-20厘米土层。 装窖过程中，如当天没有装满饲料，可覆盖上塑料薄膜，第二天装窖时盖塑料薄膜即可。窖周围需有排水沟，以防止雨、雪水侵蚀所贮之草。密封措施要严格，同时以覆草等加强保温作用。 在喷洒菌液和压实过程中，要随时检查微贮料含水率是否合适，各处是否一致。特别注意层与层之间水分的衔接不得出现夹干层。

装窖方法	含水率检查——取秸秆，用手扭拧。若水往下滴，其含水量为80%以上；若无水滴，松开手后看到手中水很明显，约为60%。微贮含水量要求在60%~70%最为理想。
开窖及品质评定	外界气温15~20℃时，贮后约35天即可开窖贮的时间长些效果会更好。 品质——贮好的草，其颜色较微贮前鲜亮，比如麦秸贮后呈金黄色，玉米秸呈橄榄绿；有醇香味和果香气味，并具有弱酸味。酸味过重，表明水分过多或有高温发酵所致。如有腐嗅或霉味，则不能饲喂。 微贮技术已在许多省区应用，收到较好效果。

三十、牧区划区轮牧技术

对于天然草原和人工草场的合理利用，其中划区轮牧是最有效的方法之一。划区轮牧是指在一个放牧季节内，根据生产力将放牧场划分为若干个小区，每个小区放牧一定天数，依序有计划地放牧，并周而复始地循环使用。这种利用放牧场的方法是比较科学的，特别是在高产放牧场和人工草场上，其优越性更为显著。

技术特点	确定小区数目	小区数目与草场类型、草场生产力、轮牧周期、放牧频率、小区放牧天数、放牧季节长短、放牧羊只数量等都有密切关系，需要综合分析计算。 轮牧周期长短取决于再生草的再生速度，再生草高度达 8~12 厘米时才可再利用。 当放牧频率增加，小区划分数量就要增加。根据各地区放牧条件，在草甸草原上小区数目最好为 12~14 个，干旱区及半荒漠以 24~35 个为宜，荒漠无再生草小区数目以 33~61 个为宜。但小区设置过多，资金投入就增加，需综合考虑。 要根据羊只头数、放牧天数、羊只日粮、放牧密度等决定小区面积。
	小区布局要考虑条件	① 从任何一个小区到达饮水处和棚圈不应超过 3 千米，不同生理阶段有其适宜距离。 ② 以河流做饮水水源时，可将放牧区沿河流分成若干小区，自下游依次上溯。 ③ 若放牧地开阔水源适中时，可把棚圈扎在放牧地中央，以轮牧周期为一个月，分成 4 个小区，也可划分多个小区；若放牧面积大，饮水及畜圈可分设两地，面积小时可集中一处。 ④ 各轮牧小区之间应有牧道，牧道长度应缩小到最小限度，但宽度必须足够（0.3~0.5 米） ⑤ 应在地段上设立轮牧小区标志或围栏，以防轮牧时造成混乱。

成功范例

呼伦贝尔种羊场，占地 3 万多亩，为典型草原，各类羊只 4 000 多只，为合理有效利用草场，减少劳动力，降低生产成本，提高效益，采取了划区轮牧技术。

总体设计	根据项目区自然条件及生产现状，暖季采用划区轮牧，冷季半舍饲，划区轮牧 2 万亩，分成两个单元，每个单元平均分成 9 个放牧小区，每个小区放牧天数平均为 8~9 天，放牧频率 2 次，放牧周期 75 天，每 6—10 月依次轮回利用，轮牧季 150 天。打机井 2 眼并配备输水管道、水箱及相关设施，合理利用地形落差，使每个小区的羊群不出小区就可以饮上清洁的水，既减少来回走动对草场践踏，又减少肉羊能量消耗。同时在放牧小区分散放置盐槽或盐砖，让羊自由舔食。
小区轮牧方式	小区每年的利用时间对区内牧草有一定影响，尤其是开始利用的前 3 个小区正值牧草萌发不久，影响最大。为减少这种不良影响，各小区每年利用的时间按一定规律顺序变动。第一年从第 1 小区开始利用，第二年从第 7 小区开始利用，第三年从第 4 小区开始利用。三年为一周期，将不良影响均匀分摊到每个小区，使其保持长期均衡利用。
采取技术措施	用采样方法测定划区轮牧各种植物的盖度、高度、密度、产量确定植物群落的类型和生产力。根据小区轮牧面积和产草量确定轮牧的羊数、天数和轮牧周期，并在实施过程中逐步调整。在划区轮牧和自由放牧区内设置固定围栏和活动围栏。观察牧草生长、肉羊采食量、放牧前后产草量以及变化规律、留茬高度、植物再生规律和肉羊的采食率。
轮牧草场监测及使用效果	通过在轮牧小区内设置围栏，观察小区草地植物群落可利用牧草生物量变化情况，划区轮牧比自由放牧牧草增加 13%；在划区轮牧植被检测的同时，选择羊群质量基本相同的两个羊群，互为对照进行划区轮牧与自由放牧情况下，羊群增重情况测定和分析。 将羊控制在小区内，减少游走耗能，增重加快，划区轮牧当年羯羔羊，比自由放牧同类质量当年 羯羊体重提高 13.3%；采用内蒙古草勘院制定的规划轮牧技术规程和计算公式测算新增牧草产量和载畜量，通过实施划区轮牧，草场载畜率提高了 15.7%，草地覆盖度增加了 10%，降低了种羊培育成本。

三十一、肉羊放牧补饲技术

肉羊放牧补饲技术是采用放牧与补饲相结合的方法。使羊在一定时间内获得较高的日增重，达到育肥增重和正常繁殖的目的。

放牧时根据地形地势，牧草反季节时间等情况，随时变换放牧队形。游走要慢，采食匀，吃饱吃得好。羊群的放牧好靠带头羊，羊合群性强，羊群只要有领头羊，其他羊就尾随行动，按牧工意图行动，放牧饲养要合理组群，依据放牧地的地形地势，产草量及管理条件而定。放牧肉羊要满足体内营养供给，因受季节的影响而有很大的波动性。

在放牧的基础上进行补饲，补饲的饲料种类包括粗饲料和精料。补饲干草可直接放在草架内自由采食；若补饲豆科牧草，要切碎或打成草粉饲喂，同时还要适当搭配青贮饲料，以提高粗饲料的采食量和利用率。精饲料的补饲按照肉羊的生理阶段来确定饲喂量，要制定科学的饲料配方。

最好最有效的方法还是 TMR 技术。

技术特点

放牧技术	（1）选择好放牧地点。根据天然草场情况，确定适宜的放牧地点和方式。天然草场大致可分为：林间草地、草丛草地、灌丛草地和零星草地等。在放牧时应尽量选择好的草地放牧，充分利用野生牧草和灌丛枝叶，在夏生长茂盛的特点，做好羊只放牧育肥工作。 （2）采用划区轮牧。划区轮牧是根据天然草场面积和数量将草场划分若干小区按照一定次序轮回放牧。划区轮牧有很多优点：一是羊只经常能采食到新鲜幼嫩的牧草，适口性好，吃得饱，增重快。二是牧草和灌木得到再生机会，提高草地的载畜量和牧草的利用率。三是减少寄生虫感染的机会。划区轮牧是预防四大蠕虫即肺丝虫、捻转胃虫、莫尼茨绦虫和肝片吸虫感染的关键措施。放牧的注意事项：跟群放牧，人不离羊，羊不离群，防止羊只丢失，防止损坏林本和践踏庄稼；防止兽害和采食有毒植物；定期驱虫、药浴，防止寄生虫病；添加矿物质营养盐砖或补喂食盐。 （3）合理组建放牧羊群。将同一品种、年龄、性别的羊编入一群，也可将育成羊、老羊、哺乳羊编入一群。这些羊行走慢；也可以分成分羊群、

放牧技术	母羊群、肉羊群、育成羊群。在牧区种公羊群 50 只左右，育成羊群 200~300 只，成年母羊群 200~250 只，育成母羊群 250~300 只，羯羊群 300~500 只为宜。农区牧地较少羔羊的放牧育肥应以大群为主，每群规模 50~100 只较适宜。
补饲技术	采取放牧加补饲技术既能充分利用夏秋季丰富牧草，又能利用各种农副产物及部分精料，特别是育肥后期适当补喂混合饲料，可以增加育肥效果。放牧加补饲技术既要抓好放牧工作，又要抓好补饲工作。补饲的饲料量一般每天每只补喂混合料 0.25~0.5 千克，青绿饲料 1~2 千克，出栏前补饲育肥 3 个月，可以有效地提高屠宰前体重和产肉量。 参考配方： ① 玉米 20%、麦麸 25%、大麦 20%、菜饼 10%、棉饼 5%、草粉 18%、磷酸氢钙 1%、食盐 1%。 ② 玉米 50%、麦麸 30%、豆科草粉 16%、鱼粉 1%、蚕蛹 1%、贝壳粉 1%、食盐 1%。

三十二、羊饲料的配制

（一）饲料配合的意义

羊对饲草和粗饲料具有特殊的消化能力，对羊不补饲其他饲料也可生存。由于羊从饲草和粗饲料获得的可消化营养物质较少且不平衡，限制了肉羊的生产能力，因而应科学利用各种饲料资源合理配制饲料，提高肉羊生产的经济效益。

饲料按其营养构成分为添加剂预混料、浓缩饲料、精料补充科（精料）、粗饲料、精粗混合饲料。

混合饲料是根据肉羊的营养需要的粗蛋白质、能量、矿物质和维生素等，把揉碎的粗料、精料和各种添加剂进行充分混合而得的营养平衡的全混合日粮（TMR）。饲喂这种饲料可防止羊的挑食，提高干物质的采食量，有效地防止消化机能紊乱，提高饲料利用率，开发和利用当地尚未利用的饲料资源，较多地利用粗饲料；同时简化饲喂方法，节省劳力，便于机械化饲养。

（二）精饲料配合的原则

配合日粮要满足肉羊的营养需要	经济、合理的饲料配合必须根据合适的饲养标准进行。在选好的饲养标准的基础上，可根据饲养实践中羊只的生长或生产性能等情况进行适当调整。一般按羊只的膘情或季节等条件的变化，对饲养标准可作 10% 上下的调整，并应注意以下问题。 ① 能量是饲料的基本营养指标——只有在先满足能量需要的基础上，才能考虑蛋白质、氨基酸、矿物质和维生素等养分的需要。另外，日粮能量浓度对饲料采食量有极大影响。 ② 各养分之间的比例应符合饲养标准的要求——饲料中营养物质之间的比例失调，营养不平衡，不然导致不良后果。饲料中的能量和蛋白质比例是一个重要的平衡关系。日粮中能量高或低时，蛋白质的含量也需相应提高或降低，使用高能低蛋白、低能高蛋白的日粮饲喂羊只必然浪费饲料，达不到投入产出比的最佳效益。

配合日粮要满足肉羊的营养需要	③ 根据日粮精料比及粗料营养，确定可控制合理的精料配合营养浓度——确定日粮精料水平，必须根据营养需要，羊的生理特点、饲草料的价格、饲草的品质、经营方式及成本、育肥方式等因素综合考虑，目的是达到以最少的投入取得最大效益为原则。
选用适宜饲料原料	配合日粮应根据当地饲料资源的品质、数量等特性，尽量做到全年均衡使用各种饲料原料。在这方面应注意以下问题。 ① 饲料体积——配合日粮应注意饲料的体积尽量和羊的消化生理特点相适应。饲料体积过大，能量浓度不能满足羊的营养需要。饲料体积过小，即使满足养分的需要量，但使羊达不到饱腹而处于不安状态，影响其生长发育及生产性能。饲料的体积，直接受干物质采食量的影响。羊干物质进食量受体重、增重水平和气候因素等的影响。 ② 饲料的适口性——饲料适口性直接影响采食量，配合日粮的原料应选择适口性好、无异味的原料。营养价值高适口性差的原料也可采用适当搭配好的原料或加入调味剂以提高其适口性。实验证明，绵羊喜爱低浓度甜味；山羊对甜酸、苦基本滋味均能接受。 ③ 原料品质——应选新鲜无毒、无霉变、质地良好的原料。含有毒素的原料应脱毒后使用或限量使用。
注意配合饲料的价格	饲料原料的成本在饲料企业生产及养羊企业生产中占有很大比例。一般要求饲料成本以不超过总成本的70%为宜。这个比例越低越好。因此日粮配合时，尽量选择当地饲料资源，营养价值高而价格低廉的原料，减少不必要的花费。 总之，日粮配合应注意达到高效益、低成本的目的。
日粮配合的原则	① 以饲养标准为据——根据羊的体重、用途、生产性能、性别、年龄等来选择相应的饲养标准和营养成分表。但饲养标准又是在一定的条件下制定的，而各地的自然条件和羊的情况不同，所以应通过实际饲养条件对饲养标准酌情增减。 ② 饲料配合要合理——根据羊常用的饲料及营养价值表，合理搭配饲料。

日粮配合的原则	a.青粗饲料为主——根据羊的消化生理特点，应以青粗饲料为主，注意优质干草、青贮饲料搭配，用精料补充青粗饲料营养的不足。各种饲料搭配为：以青粗饲料为基础，其干物质占总日粮干物质50%~60%，精饲料占40%~50%。精料补充料中籽实饲料占30%~50%，蛋白质饲料为15%~20%，矿物质2%~3%。日粮体积适当，保证羊能全部吃下，又能满足营养需要。因地制宜选用饲料，降低饲料成本，选择来源广泛，价格低廉，质量可靠的饲料作为配合饲料的主要原料，以保证配合饲料质量相对稳定并降低饲料成本。 b.饲料种类多样化——各种饲料原料都有其独特的营养特性，单独一种饲料原料不能满足羊的营养需要。因此，应尽量保持饲料的多样化，达到养分互补，提高配合饲料的全价性。 c.注意饲料质量——严禁使用有毒霉烂变质的饲料。 ③ 及时广泛吸收最新科研成果——无论是我国还是国外，配合饲料的研究和发展非常快。其中饲料添加剂是配合饲料的核心部分，生产配合饲料时吸收新的科研成果，选用安全而有效的添加剂，如酶制剂、中草药制剂、益生素代谢调控剂等。羊只处于环境应激的情况下，除了调整大量养分含量外，还要注意添加防止应激的其他成分。 ④ 进行饲料价格比较——在进行日粮配合之前，若能对当地饲料价格进行比较，根据成本高低，选用低成本的科学的饲料。在比较饲料价格时。 ⑤ 不得含有有毒物质——配合饲料中不能含有黑穗病的麦粒及副产品；少的含量不超过1%；重金属含量在规定范围内。

（三）配合精料的依据

配合日粮必须具备几种相关资料，才能着手饲料的配合。

肉羊饲养标准	饲养标准又称动物的营养需要，实践证明，根据饲养标准所规定的营养需要量供给羊只，将有利于提高饲料利用率及养羊生产的经济效益。但是饲养标准随着科研的进展在不断地进行完善，在配合日粮时只是作为一个参考标准，也只是相对合理，要根据条件和影响因素做相应的调整，不应机械地搬用。

饲料成分及饲养价值表	配合日粮，最好要掌握自己选用饲草料原料的营养成分，查阅与本地区相近地区的饲料成分和营养价值表。配合日粮的方法很多。手工计算方法有试差法、四角法、公式法等，应用计算机配制日粮可计算出最低成本的饲料配方。具体配制方法详细参考相关饲料书籍。无论哪种方法配制羊的日粮，必须注意各种饲料的营养物质必须满足羊的营养需要，可根据不同情况进行调整；羊饲料是以青粗饲料为主，精饲料只起补充粗饲料中能量和蛋白质等营养物质不足的作用，所以，日粮组成要多样化、营养要全面、完善、平衡，同时要注意饲料来源丰富、价格便宜；日粮中所含能量浓度要适中，既要吃饱，又不剩料，还要满足其所需的营养需要。注意日粮中不含有毒素有害物质，而且应将轻泻性饲料（如青贮玉米、青草、多汁饲料、大豆、麦麸等）与易导致便秘性饲料（禾本科干草、各种农作物秸秆、枯草、高粱籽实、棉籽饼等）互相搭配使用。

三十三、羊全混合日粮（TMR）的应用

全混合日粮（TMR）日粮就是典型的饲料间组合效应，但是只有日粮的营养水平高于维持能需要量时才产生组合效应，并不是所有的饲料组合起来就产生非加性效应。

TMR饲喂技术，就是根据肉羊不同生理阶段或不同饲养阶段的营养需要，把揉碎的粗饲料、青贮饲料、精料、以及各种饲料添加剂进行科学配合，经过在饲料搅拌机内充分混合后得到一种营养相对平衡的全价日粮，直接供羊自由采取的饲养技术。

技术特点	（1）合理划分饲喂群体。分群管理是使用TMR饲养方式的前提，理论上讲羊群分得越细越好，但要考虑到生产中的可操作性。 （2）科学设计饲料配方。根据羊场实际情况，考虑所处的生理阶段，年龄胎次、体况体型、饲料资源等因素合理设计饲料配方。同时结合各群体大小，尽可能设计出多种TMR日粮配方，并且每月调整一次。 可供参考的TMR日粮配方如下。 ① 种公羊及后备公羊群：精料26.5%，苜蓿干草或青干草53.1%，胡萝卜19.9%，食盐0.5%。其中精料配方为：玉米60%，麸皮12%，豆饼20%，鱼粉5%，碳酸氢钙2%，食盐1%，添加剂1%。 ② 空怀期及妊娠早期母羊群：苜蓿50%，青干草30%，青贮玉米15%，精料5%。其中精料配方为：玉米66%，麸皮10%，豆饼18%，鱼粉2%，碳酸氢钙2%，食盐1%，添加剂1%。 ③ 妊娠后期及泌乳期母羊：干草46.6%，青贮玉米38.9%，精料14%，食盐0.5%，精料比例在产前6~3周增至18%~30%。 ④ 断奶羔羊及育成羊群：玉米（粒）39%，干草50%，糖蜜5%，油饼5%，食盐1%。此配方含粗蛋白质12.2%，钙0.62%，磷0.26%，精粗比50:50。 ⑤ 育肥羊群：豆秸10%，玉米青贮20%，青干草20%，精料50%。其中精料配方为：玉米44%，麸皮18%，豆粕12%，亚麻饼或棉粕20%，预混料6%，精粗比为50:50。

TMR搅拌机的选择	在TMR饲养技术中能否对日粮进行彻底混合是非常重要的，因此，羊场应具备能够进行彻底混合的饲料搅拌设备。 TMR机型种类有：立式、卧式、自动行走式、牵引式和固定式等机型。 一般讲，立式机优于卧式机，表现在草捆和长草无须另加工；混合均匀度高，能保证足够的长纤维刺激留胃反刍和唾液分泌；搅拌罐内无剩料，卧式搅拌机剩料难清除，影响下次饲喂效果；立式机维修方便，只需每年更换刀片，使用寿命长。通常5~7立方搅拌可供500~3 000只饲养规模的羊场使用。
填料顺序和混合时间	饲料原料的投放次序影响搅拌的均匀度。一般投放原则为先长后短，先干后湿，先轻后重。添加顺序为精料、干草、副产品饲料、全棉籽、青贮、湿糟等。不同类型TMR搅拌机采用不同次序，如果是立式搅拌车将精料和干草添加顺序颠倒（即先干草后精料）。 根据混合均匀度决定混合时间。一般在最后一批原料添加完毕后在搅拌5~8分钟即可。若有长草要铡切，需要先投干草先进行铡切后再继续投其他原料。干草也可以预先切短再投入。搅拌时间太短，原料混合不均匀；搅拌过长，TMR太细，有效纤维不足，使留胃pH降低，造成营养代谢病。
物料含水率的要求	TMR日粮的水分要求在40%~55%。当原料水分偏低时，需额外加水，若过干（<35%）饲料颗粒易分离，造成羊只挑食；过湿（>55%），则降低干物质采食量（TMR日粮水分每高出1%，干物质采食量下降幅度为体重的0.02%）并有可能导致日粮的消化率下降。水分至少每周检测一次。简易测水分的方法是用手握住一把TMR饲料，松开后若饲料缓慢散开，丢掉料团后手掌残留料渣，说明水分适当；若饲料抱团后散开缓慢，说明水分偏高；若散开速度快且手不残留料渣，则水分偏低。
饲喂方法、观察及调整	每天饲喂3~4次，冬季可喂3次。保证饲槽中24小时都有新鲜料（不能多于3小时空槽）并及时将肉羊拱开日粮推向肉羊，以保证肉羊的日粮干物质采食量最大化，24小时内将饲料推回槽中5~6次，以鼓励采食并减少挑食。 TMR的观察和调整。

饲喂方法、观察及调整	日粮投放到食槽后，要随时注意观察羊的采食情况，采食前后在料槽中的 TMR 的组成成分应基本一致，即要保证剩余料用颗粒分离筛的检测结果与采食前的检测结果差值不超过 10%，反之则说明羊只在挑食，严重时料槽中出现"挖洞"现象，即羊只挑食精料剩余粗料较多。 其原因之一是因为 TMR 饲料中水分过低，造成草料分离。另外，TMR 制作颗粒度不均匀，干草过长也易造成草料分离。 挑食使肉羊摄入的饲料精粗比例失调，会影响瘤胃内环境平衡，造成酸中毒。 一般肉羊每天剩料应该占到每日添加量的 3%~5% 为宜。剩料太少说明肉羊可能没有吃饱，太多则造成浪费。为保证 TMR 精粗比例稳定，维持瘤胃稳定的内环境，在调整日粮的供给量时最好按照日粮配方的头日粮量按比例进行增减，当肉羊的实际采食量增减幅度超过日粮设计给量的 10% 时，就需要对日粮配方进行调整。
TMR 技术成效	（1）确保日粮营养均衡。由于 TMR 各组分比例适当，而且均匀混合，肉羊每次采食 TMR 中，营养均衡、精粗料比例适宜，能维持瘤胃微生物数量及瘤胃内环境的相对稳定，因而有利于提高饲料利用率，减少消化道疾病、食欲不振及营养应激等。据统计，使用 TMR 可降低肉羊发病率 20%。 （2）提高肉羊生产性能。由于 TMR 技术综合考虑了肉羊不同生理阶段对纤维素、蛋白质和能量的需要，整个日粮较为平衡，有利于发挥肉羊生产性能。 （3）提高了饲料利用率。采用整体营养调控理论和电脑技术优化饲料配方，使肉羊采食的饲料都是精粗比例稳定、营养浓度一致的全价日粮，它有利于维持瘤胃内环境的稳定，提高微生物的活性，使瘤胃中蛋白质和碳水化合物的利用趋于同步，比传统饲养方式的饲料利用率提高 4%。 （4）有利于充分利用当地饲料资源。由于 TMR 技术是将精料、粗料充分混合的全价日粮，因此可以根据当地的饲料资源调整饲料配方，将秸秆、干草等添加进去。 （5）可节省劳动力。混合车是应用 TMR 的理想容器，它容易操作，节省时间，只要花费 0.5 小时就可以完成装载，混合和喂料。即使 3 000 只的大羊场用混合车也只要 3 小时就够了，因此大大节省了劳动力和时间，提高了工作效率，有助于推进肉羊生产工厂化。

	（1）一定确实把握 TMR 原料的水分，如低于 45% 就需要在配制混合过程另加水。但"另加水"不能过多，也不能过低，不要以为就这么点儿水，加多加少无所谓，因为它影响着 TMR 的含水量。另外，在有明显气候变化的地区，如雨量较大的阵雨过后，或者较长的雨期中间，露天贮存的青贮饲料水分都会增加很多。对于一批新采购的饲料以及当地的农副产品如啤酒糟、粉渣等，都要考虑饲料分水的测定。如果饲料水分的变化超过 2% 就应该重新调整 TMR 的配方。 （2）混合时间不合理。一定长度的有效纤维是肉羊反刍和优化瘤胃动能所不可缺少的。所以有的 TMR 混合机或搅拌车都有短切或撕短饲草的功能，其撕短纤维的程度随着时间的增加而增加。为防止 TMR 的过渡混合，减少过短的饲料纤维，也为混合机的过快磨损，应该遵循制造商所推荐的混合时间，并要定期地用饲草粒度分离筛测定上、中、下层箱体内的饲料剩留比例，及时调整 TMR 混合时间。 （3）原料称取不准确。在 TMR 的实际配合与混合过程中，为了方便对各种"被称重"或"被混合"的饲料数量都有取舍的，通常不是个位数而是十位数。因此，如果在 TMR 中配入和混合的饲料种类越多，势必取舍的次数越多，可能造成与原有 TMR 配方有较大的差距。为了尽可能地符合原 TMR 配合要求，应注意以下几点。 ① 在配合 TMR 时，尽可能减少混合饲料种类。 ② TMR 的混合机最好具有称重装置，虽然它价格昂贵，但是，不可或缺； ③ 饲料操作员要有责任心，不能存在"多 10 千克少 10 千克都无关紧要"的思想，就某些饲料的种类或品种来说，增加或减少 10 千克就可能产生巨大的差别，如预混料、食盐和小苏打等。为此管理者随时进行现场监督和检查，特别要定期检查和核定库存数量。 （4）注重机械保养。机器已使用多年了，一定有问题，任何机器，包括 TMR 的混合机和搅拌车，总是要磨损的。为了使 TMR 的混合机更有效的工作，也为了保证 TMR 的混合质量，应及时检修和更新其中的混合螺旋和刀具。并对混合机附属齿轮箱予以定期维护。
误区及注意事项	

三十四、发展循环经济、粪便无害化处理

国家标准《畜禽养殖业污染物排放标准》(GB 18596—2001) 规定，用于直接还田的畜禽粪便，必须进行无害化处理，防止污染施用地面。粪尿适宜寄生虫、病原微生物寄生、繁殖和传播。从防疫角度看，粪便不利于羊场的卫生与防疫，为了变不利为有利，需对羊粪进行无害化处理。羊粪无害化处理主要是通过物理、化学、生物等方法，杀灭病原体，改变羊粪中适宜病原体寄生、繁殖和传播的环境、保持和增加羊粪有机物的含量，达到污染物的资源化利用。羊粪无害化环境标准是：蛔虫卵的死亡率≥95％；粪大肠菌群数≤ 10 个 / 千克；恶臭浓度标准值70。

因此，羊粪无害化处理是工厂化肉羊生产必不可少的生产环节。羊粪的发酵处理是利用各种微生物的活动来分解羊粪中的有机成分，从而有效地提高有机物的利用率，在发酵过程中形成的特殊理化环境也可杀死粪便中病原菌和一些虫卵，根据发酵过程中依靠的主要微生物种类不同，可分为充气动态发酵，堆肥发酵和沼气发酵处理。

沼气发酵循环经济示意图如下。

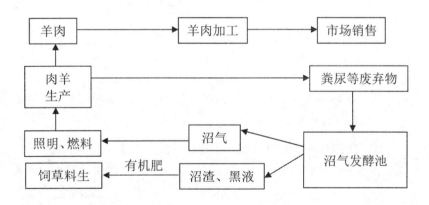

1. 羊粪发酵有机肥制作技术

羊粪养分含量十分丰富，羊的排泄量较其他家畜少，羊的年排泄量为632 千克，粪尿之比约为 3：1，粪多尿少。

羊是反刍动物，对饲料咀嚼很细，但饮水量少，故粪细密而干燥，发热量比牛粪大，也属热性肥料。羊粪尿较其他畜粪尿浓度厚、氮、锰、铜、硼、钙、镁等营养元素都较高，是粪尿中营养含量较高品种之一，氮的形态主要为尿素态，容易分

解易被作物吸收，按全国有机肥料品种标准划分，羊粪属于二级，适用于各类土壤和各种作物，可做基肥和追肥。

2. 羊粪及污物沼气工程

沼气工程是畜禽粪便资源化的重要途径，是实施畜禽养殖业可持续发展的有效措施。羊粪便等粪沼气池厌氧环境中通过沼气微生物分解转化产生的沼气、沼液、沼渣等再生资源，建立肉羊养殖与种植资源综合利用生态链。沼气除作洁净能源外，可以保鲜、储存农产品等；沼液可以浸种，可以做培养液水培蔬菜，可以做果园滴灌；沼渣可做有机肥料，可以做营养基培植食用菌等。它既有降本增效的功能，又能改善环境，实现工程化肉羊养殖废物循环利用。

制作发酵前准备	（1）制作场地选择。选择地势平坦，通风向阳处，一年四季均可露天制作。 （2）制作材料准备（以生产1吨有机肥为例）。 ① 主料——湿羊粪 1.6~1.8 吨 ② 玉米面——2.5~3.0 千克 ③ "肯德绿"1号复合发酵剂 1 千克 （3）生产设备。工厂化生产需搅拌机一台和电动筛一台。
制作方法	（1）先将湿的羊粪水分控制在 30%~40%（即用手将原料捏成团，手指缝见水但不滴水，松手落地散为宜）然后将玉米面和菌种拌匀，分撒在混合好的原料表层，再将原料装入搅拌机搅拌粉碎，搅拌要均匀、要透、不留生块。特别要注意含水量，不能过大或过小，一般腐熟不好的肥料多半是由于堆内水分控制不好所致。 （2）搅拌好的原料堆成宽 1.5~2 米，高 0.3~0.4 米的长条上面盖草帘或麻袋片进行好氧发酵堆置。（切勿使用塑料布覆盖）一般堆放 24 小时内温度上升到 50℃，48 小时内温度可升至 60~70℃。这样高温发酵期间能杀死所有病原菌和虫卵、草料。春夏秋堆制肥一般需 7 天，即全部腐熟。
施肥方法及肥效	"肯德绿"生态有机肥适用于大田作物、果树、蔬菜、花卉中药材、草坪等作物，用作基肥追肥均可，基肥要与土壤混合均匀，追肥要开沟埋土。 施肥量——大田每亩不少于 200 千克，蔬菜每亩不少于 300~500 千克，果树每株 5~10 千克。实际用肥量可根据作物品种、土壤状况，经济目标产量所需各种养分的数量制定科学施肥量。

施肥方法及肥效	经多种类对比试验，与同类投资的其他肥料相比蔬菜产量可提高30%~50%；瓜果可提高 30% 以上，可增加糖分 2~3°；经济作物、药材可提高产量 20% 以上；大田作物提高产量 15% 以上。
有机肥的独特作用	（1）有机肥具有吸热、防止土壤板结、保水功能，有利于种子的萌发和根系生长。 （2）有机肥含有作物各生长时期所需各种养分，改善农产品品种，保持营养风味。 （3）有机肥有利于土壤新陈代谢，提高土壤生物活性，改善土壤结构，增加土壤养分。 （4）有机肥含有作物生长刺激素等特殊物质。 （5）增强作物抗旱性、抗寒性、脱盐耐盐作用、抗病抗倒伏。

随着科学技术的发展，微生物复合菌剂不断推陈出新，目前 EM 菌剂和复合微生物技术有效处理粪污，实现零排放变废为宝，产生了优质生物有机肥，是一项农畜大循环的技术。这既是环保工程，也为养殖企业增收和回避市场风险带来了保障。粪便能变农粮，让每个养羊场变成一座生物肥料厂，不仅解决环境污染，又解决优质肥料来源。

三十五、肉羊的保健与疫病监测

羊的保健是羊健康高效生产的保证。羊的卫生保健受养殖环境，羊自身状况（包括健康状况、年龄、性别、抗病力、遗传因素等）外界致病因素及气候等因素的影响。羊从生产到出售，要经过出入场检疫、收购检疫、运输检疫和屠宰检疫。

（一）羊的健康检查

羊正常体温为 38~39.5℃，羔羊约高出 0.5℃，剧烈运动或经暴晒的病羊，需休息半小时后再测温（表16）。

表16 羊的体温、呼吸、脉搏（心跳）数值

年龄	性别	体温（℃）		呼吸（次/分）		脉搏（次/分）	
		范围	平均	范围	平均	范围	平均
3~12月龄	公	38.4~39.5	38.9	17~22	19	88~127	110
	母	38.1~39.4	38.7	17~24	21	76~123	100
1岁以上	公	38.1~38.8	38.6	14~17	16	62~88	78
	母	38.1~39.6	38.6	14~25	20	74~116	94

羊的正常生理表现

健康羊脉搏数 70~80 次/分；

健康羊呼吸频率为 12~20 次，一般都是胸式呼吸。

在正常情况下，羊用上唇采食，靠唇舌吮吸把水吸进口内来饮水。

正常整年羊瘤胃左侧肋窝稍凹陷，瘤胃收缩次数 2~4 次/分（表17）。

羊粪呈小而干的球状。羊排尿时，呈坐姿。

表17 羊的反刍情况和瘤胃蠕动次数

年龄	每个食团咀嚼次数（次）		每个食团反刍时间（秒）		反刍间隔时间（秒）		瘤胃蠕动次数（5分钟）	
	范围	平均	范围	平均	范围	平均	范围	平均
4~12月龄	54~100	81	33~58	44	4~8	6	9~12	11
1岁以上	69~100	76	34~70	47	5~9	6	8~14	11

（二）羊场（舍）的消毒

消毒是指运用各种方法消除或杀灭饲养环境中的各种病原体，减少病原体对环境的污染，切断疾病传染途径，达到防治疾病发生、蔓延，进而达到控制和消灭传染病的目的。

消毒主要是针对病原微生物和其他有害微生物，并不是消除或杀灭所有微生物，只是要求把有害的微生物的数量减少到无害化的程度。

消毒类型	疫原地消毒	它是指对曾经存在过传染病的场所进行的消毒。场所主要指病原微生物的羊群及生存的环境，如羊群、羊舍、用具等。一般可分随时消毒和终末消毒2种。
	预防性消毒	对健康或隐性传染的羊群，在没有被发现有传染病或其他疾病时，对可能受到某种病原微生物污染羊群的场所环境、用具等进行消毒，叫做预防性消毒。对养羊场附属部门，如门卫室，兽医室等的消毒属于此类消毒。
消毒剂的选择		消毒剂应选择对人和羊安全、无残留、不对设备造成破坏，不会在羊体内产生有害积累的消毒剂。 可选用的消毒剂有石碳酸（酚）、美酚、双酚、次氯酸盐，有机碘混合物（碘伏）过氧乙酸、生石灰、氢氧化钠、高锰酸钾，硫酸铜、新洁尔灭、松馏油、70% 乙醇和来苏儿。
羊场的消毒方法		（1）清扫与洗刷。为了避免尘土及微生物飞扬，先用水或消毒液喷洒，然后再清扫。主要消除粪便，垫料，剩余饲料，灰尘及墙壁和顶棚上的蜘蛛网、尘土。 （2）羊舍消毒。消毒液的用量为 1 升 / 米^2，泥土地面，运动场为 1.5 升 / 米^2 左右。消毒顺序一般从离门远处开始，以墙壁、顶棚、地面的顺序喷洒一遍，再从内向外将地面重新喷洒 1 次，关门闭窗 2~3 小时，然后打开门窗通风换气，再用清水洗饲槽、水槽及饲养用具等。 （3）饮水消毒。羊的饮水应符合畜禽饮用水水质标准，对饮水槽的水应隔 3~4 小时更换一次，饮水槽和饮水器要定期消毒，为杜绝疾病发生，有条件者可用含氯消毒剂进行饮水消毒。

羊场的消毒方法	（4）空气消毒。一般被污染的羊舍空气中微生物数量在每立方米10个以上，当清扫、更换垫草、出栏时更多。空气消毒最简单的方法是通风，其次是利用紫外线杀菌或甲醛气体熏蒸。 （5）消毒池的管理。在羊场大门口应设置消毒池，长度不小于汽车轮胎的周长，2米以上，宽度应与大门的宽度相同，水深10~15厘米，内放2%~3%氢氧化钠溶液或5%来苏儿溶液和草酸。消毒液1周更换1次，北方在冬季可使用生石灰代替氢氧化钠。 （6）粪便消毒。通常有掩埋法、焚烧法及化学消毒法几种。掩埋法是将粪便与漂白粉或新鲜生石灰混合，然后深埋于地下2米左右处。对患有烈性传染病的羊粪须进行焚烧，方法是挖一个深75厘米，长宽各75~100厘米的坑，在距坑底40~45厘米处加一层铁炉箅子，对湿粪可加一些干草，用汽油或酒精点燃。 常用的粪便消毒方法是发酵消毒法。 （7）污水消毒。一般污水量小，可拌洒在粪中堆积发酵，必要时可用漂白粉按每立方米8%~10%搅拌均匀消毒。
注意事项	羊舍及用具应保持清洁、干燥、每天清除粪便及污物，堆积制成有机肥料。 饲草保持清洁干燥、不发霉腐烂、饮水要清洁。清除羊舍周围的杂物、垃圾、填平死水坑，消灭鼠、蚊、蝇。 羊舍清扫后消毒，常用消毒药有10%~20%的生灰乳和10%的漂白粉混悬液。 产房在产羔前消毒1次，产羔高峰时进行多次，产羔结束后再进行一次。 在病羊舍，隔离舍的出入口处应放置浸有消毒液的麻袋片或草垫；消毒液可用2%~4%氢氧化钠（对病毒性疾病）或10%克辽林溶液。 地面消毒可用含2.5%有效氯的漂白粉混悬液，4%甲醛或10%氢氧化钠溶液。

（三）羊的驱虫

驱虫药物	可用阿维菌素、伊维菌素或丙硫咪唑，均按用量说明计算。阿苯达唑每千克体重10毫克和盐酸咪唑每千克体重8毫克联合用药效果更好。

	在 3—10 月，每 1.5~2 个月拌料驱虫 1 次。
驱 虫 时 间 和 方 法	母羊驱虫应在产后 5 天驱虫 1 次，隔 15 天后再驱 1 次，年产两胎的驱虫 4 次。 妊娠羊禁止驱虫。 羔羊在一月龄驱虫 1 次，隔 15 天再驱虫 1 次，用法用量按各药品说明计算。 种公羊 1 年 2 次（春、秋）每次间隔 15 天二次用药，用量按各药品说明计算。参看表 18。 表 18　羊的驱虫时间和药物使用（仅供中部地区肉羊参考） %%TABLE18%% 备注：妊娠母羊另外执行。如遇到天气变化等情况，时间的前后变更控制在 1 周之内
注 意 事 项	羊驱虫往往是成群进行，在查明寄生虫种类基础上，根据羊的发育情况、体质、季节特点用药。 羊驱虫应先做小群试验，用新驱虫药剂或新驱虫法更应如此，然后再大群实行。

表 18　羊的驱虫时间和药物使用（仅供中部地区肉羊参考）

次数	时间	药物	用量及备注
第一次	2 月 15 日	阿苯达唑	每千克体重 10 毫克
第二次	4 月 1 日	左旋咪唑	每千克体重 8 毫克
第三次	5 月 15 日	阿苯达唑	每千克体重 10 毫克
第四次	7 月 1 日	阿苯达唑	每千克体重 10 毫克
第五次	8 月 15 日	左旋咪唑	每千克体重 8 毫克
第六次	10 月 1 日	阿苯达唑	每千克体重 10 毫克

（四）肉羊的免疫

羊养殖应根据《中华人民共和国动物防疫法》及其配套法规的要求，结合本地实际情况，制定疫病的免疫规划。据此本场应制定本场的免疫程序，并认真实施，注意选择适宜的疫苗和免疫方法。

羔羊免疫程序	羔羊的免疫力主要从初乳中获得，在羔羊出生 1 小时内，保证吃到初乳。对 5 日龄以内的羔羊，疫苗主要用于紧急免疫，一般暂不注射。羔羊常用疫苗和使用方法见表 19。 **表 19　羔羊常用疫苗和使用方法**

表 19　羔羊常用疫苗和使用方法

时间	疫苗名称	剂量（只）	方法	备注
出生 12 小时内	破伤风抗毒素	1 毫升 / 只	肌内注射	预防破伤风
16~18 日龄	羊痘弱毒疫苗	1 头份	尾根内侧皮内注射	预防羊痘
23~25 日龄	三联四防灭活菌	1 毫升 / 只	肌内注射	预防羔羊痢疾（产气荚膜梭菌、黑疫、猝狙、肠毒血症、快疫）
1 月龄	羊传染性胸膜肺炎氢氧化铝菌苗	2 毫升 / 只	肌内注射	预防羊传染性胸膜肺炎

成年羊免疫程序

羊的免疫程序和免疫内容，不能照抄，照搬，而应根据各地的具体情况制定。羊接种疫苗时要详细阅读说明书，查看有效期。记录生产厂家和批号，并严防接种过程中通过针头传播疾病。

经常检查羊只的营养状况，要适时重点补饲，防止营养物质缺乏，对妊娠、哺乳母羊和育成羊更为重要。严禁饲喂霉变饲料、毒草和喷过农药不久的牧草。禁止羊只饮用死水或污水，以减少病原微生物和寄生虫的侵袭，羊舍要保持干燥、清洁、通风。

根据本地区常发生传染病的种类及当前疫病流行情况，制定切实可行的免疫程序（表 20）按免疫程序进行预防接种，使羊只从出生到上市都可获得特异性抵抗力，增强羊对疫病的抵抗力。

表 20　成羊免疫程序

疫苗名称	预防疫病种类	免疫剂量	注射部位
春季免疫			
三联四防灭活菌	快疫、猝狙、肠毒血症、羔羊痢疾	1 头份	皮下或肌内注射
羊痘弱毒疫苗	羊痘	1 头份	尾根内侧皮内注射
羊传染性胸膜肺炎氢氧化铝菌苗	羊传染性胸膜肺炎	1 头份	皮下或肌内注射
羊口蹄疫苗	羊口蹄疫	1 头份	皮下注射

成年羊免疫程序	秋季免疫			
	三联四防灭活菌	快疫、猝狙、肠毒血症、羔羊痢疾	1头份	皮下或肌内注射
	羊传染性胸膜肺炎氢氧化铝菌苗	羊传染性胸膜肺炎	1头份	皮下或肌内注射
	羊口蹄疫苗	羊口蹄疫	1头份	皮下注射

注：1.本免疫程序供生产中参考；

　　2.每种疫苗的具体使用以生产厂家提供的说明书为准

妊娠母羊免疫程序

对妊娠母羊后期，即怀孕已过3个月，应暂时停止预防注射，以免造成流产。妊娠母羊免疫程序见表21。

表21　妊娠母羊免疫程序表

疫苗名称	疫病种类	时间	免疫剂量	注射部位	备注
羔羊痢疾氢氧化铝菌苗	羔羊痢疾	妊娠母羊分娩前20~30天和10~20天各注射1次	分别为每只2毫升和3毫升	两后腿内侧皮下	羔羊通过吃奶获得被动免疫，免疫期5个月
三联四防	羔羊痢疾、猝疽、肠毒血症、快疫	产前1.5个月	5头份	肌内注射	
口疮弱毒细胞冻干苗	羊口疮	产羔前或产羔后20天左右	0.2毫升	口腔黏膜内注射	母羊接种羔羊可不预防
羊流产衣原体油佐剂卵黄灭火苗	羊衣原体流产	羊妊娠前或妊娠后1月内	3毫升	皮下注射	免疫期1年

免疫注意事项

预防接种时要注意以下几点。

要了解被接种预防羊群的年龄、妊娠、泌乳及健康状况，体弱或带病的羊预防后可能会引起不良反应，应注意或暂时不接种，对15日龄内的羔羊，除紧急免疫外，一般暂不注射。

预防注射前，对疫苗有效期、批号及厂家应注意记录以便备查。

对预防接种的针头，应做到一羊一换。

参考文献

[1] 岳文斌，任有蛇，赵祥等．生态养羊大全 [M]．北京：中国农业出版社，2006.

[2] 王志武，闫益波，李童．肉羊标准化规模化养殖技术 [M]．北京：中国农业科学技术出版社，2013.

[3] 李清宏，任有蛇，宁有保等．规模化安全养肉羊综合新技术 [M]．北京：中国农业出版社，2005.

[4] 权凯．肉羊标准化生产技术 [M]．北京：金盾出版社，2013.

[5] 权凯，赵金艳．肉羊养殖实用新技 [M]．北京：金盾出版社，2015.

[6] 陈国禄，贺文杰．肉羊舍饲经营实用技术问答 [M]．北京：中国农业出版社，2004.

[7] 付殿国，杨军杰．肉羊养殖主推技术 [M]．北京：中国农业科学技术出版社，2013.

[8] 全国畜牧总站．肉羊标准化养殖技术图册 [M]．北京：中国农业科学技术出版社，2012.

[9] 李英，郭泰川．肉羊快速育肥实用技术 [M]．北京：中国农业出版社，1997.

[10] 罗海玲．羊常用饲料及饲料配方 [M]．北京：中国农业出版社，2006.

[11] 林继煌，任学文．肉羊生产关键技术速查手册 [M]．南京：江苏科学技出版社，2005.

[12] 李花太，张凤仪，张晨等．舍饲养羊图决 250 例 [M]．北京：中国农业出版社，2007.

[13] 王建民．波尔山羊饲养与繁殖新技术 [M]．北京：中国农业大学出版社，2000.

[14] 徐桂芳．肉羊饲养技术手册 [M]．北京：中国农业出版社，2000.

[15] 李廷春．羊怀胎移植实用技术 [M]．北京：金盾出版社，2006.

[16] 罗康石，罗俊．"工厂化生产设计方案"的可行性研究报告 [R]．内蒙古自治区第四届自然科学学术年会，2011.